极小曲面上的值分布理论及相关研究

刘志学 编著

北京邮电大学出版社
www.buptpress.com

内 容 简 介

本书主要围绕欧氏空间 $\mathbb{R}^n (n \geqslant 3)$ 中极小曲面上的值分布理论及相关研究展开讨论,主要内容包括极小曲面上Gauss映射的Picard定理、新型亏量关系、分担唯一性、曲面的曲率估计等.本书从构造度量的角度出发,分析和介绍了极小曲面的几何特征,将极小曲面上Gauss映射的值分布性质考虑到更一般的浸入调和曲面的情形.本书还给出了带有共形度量的开Riemann曲面上全纯映射的Picard定理,同时结合其值分布性得到了曲面的曲率估计式.本书适合有一定复分析、微分几何等学科基础的研究生和科研工作者阅读,可作为从事研究生教学工作的教职人员的参考书.

图书在版编目(CIP)数据

极小曲面上的值分布理论及相关研究 / 刘志学编著. -- 北京:北京邮电大学出版社,2023.8
ISBN 978-7-5635-6991-5

Ⅰ.①极… Ⅱ.①刘… Ⅲ.①极小曲面-值分布论 Ⅳ.①O176.1

中国国家版本馆 CIP 数据核字(2023)第 146464 号

策划编辑:彭 楠　　责任编辑:彭 楠 耿 欢　　责任校对:张会良　　封面设计:七星博纳

出版发行:北京邮电大学出版社
社　　址:北京市海淀区西土城路 10 号
邮政编码:100876
发 行 部:电话:010-62282185　传真:010-62283578
E-mail:publish@bupt.edu.cn
经　　销:各地新华书店
印　　刷:北京虎彩文化传播有限公司
开　　本:720 mm×1 000 mm　1/16
印　　张:10
字　　数:160 千字
版　　次:2023 年 8 月第 1 版
印　　次:2023 年 8 月第 1 次印刷

ISBN 978-7-5635-6991-5　　　　　　　　　　　　　　　　定价:58.00 元

· 如有印装质量问题,请与北京邮电大学出版社发行部联系 ·

前　言

欧氏空间中的浸入极小曲面是一类特殊的共形调和曲面, 它是平均曲率处处为零的曲面, 同时也是所有具有相同边界的曲面中面积最小的曲面. 在局部上, 极小曲面可被视为某平面区域上的图, 它广泛存在于自然界中, 如生活中的肥皂泡、螺旋推动器的叶片等. 因为其几何的特殊性, 极小曲面通常拥有丰富优美的造型, 牢固、稳定的结构. 极小曲面的能量稳定, 受力条件下载荷分布均匀, 具有卓越的物理性能. 现如今, 极小曲面已广泛应用在许多领域之中, 如建筑学、材料科学、生物工程学等领域.

20 世纪 80 年代初期, 借助于一些计算机的工具, 很多新的嵌入极小曲面的例子被找到了, 从此我们对极小曲面有了更直观的认识. 常见的极小曲面有欧几里得平面、悬链曲面、螺旋曲面、恩内佩尔曲面等. 另外, 一些包括共形几何、几何测度论等在内的数学分支给极小曲面理论提供了新的方法和技术支持. 反过来, 极小曲面理论的丰富也促进了其他学科的发展和融合.

本书前两章主要介绍了 S. S. Chern、R. Osserman、F. Xavier、H. Fujimoto、M. Ru 等多位学者在极小曲面理论方面的一些研究工作. 其中, R. Osserman 和 S. S. Chern 是最早开始研究 $\mathbb{R}^n$ 中极小曲面上的 Gauss 映射的值分布性质的学者. 他们发现, 欧氏空间中的完备极小曲面上的 Gauss 映射的很多值分布性质与复平面上亚纯函数的值分布性质是非常相似的 [1-3]. 之后, 这方面的研究得到了包括 L. Nirenberg、F. Xavier 在内的很多学者的关注, 同时涌现了很多有趣的成果 (例如, 可参考文献 [4]~[9]).

在本书的第 3、4 章, 我们将极小曲面上 Gauss 映射的值分布性质考虑到了更一般的浸入调和曲面以及带有共形度量的开 Riemann 曲面的情形. 注意, 对于一般的浸入映射 X 来说, 曲面 $X(M)$ 上由欧氏空间所诱导的微分度量可以写成共形度量和 hopf 微分和的形式. 此外, 对于 $\mathbb{R}^3$ 中的浸入调和曲面, 可同时定义两种 Gauss 映射: 传统的法向量 n 以及推广型 Gauss 映射. 通过引入拟共形映射理论, 我们得到了 K-拟共形调和曲面上两种 Gauss 映射在 Picard 定理结论方面的对应性, 同时结合值分布性质得到了曲面相应的 Gauss 曲率估计.

作者对于极小曲面上的值分布理论的学习最先启蒙于 University of Houston 的 Min Ru 教授. 2018—2020 年在美国访学期间, 作者有幸参与 Min Ru 教授定期开设的关于 "极小曲面理论" 的研讨班, 研讨班的成员包括北京邮电大学的李叶舟教授、华侨大学的陈行堤教授以及贺岩博士. 在 Min Ru 教授的细心指导下, 研讨班的全体师生深入交流和学习全纯映射的衍生曲线、负曲率度量的构造以及极小曲面上 Gauss 映射的值分布性质等. 在编写和审校本书的过程中, 作者得到了北京邮电大学在资源和专业知识等方面的大力支持, 同时北京邮电大学复分析团队的全体教师和研究生对本书提出了许多宝贵意见, 他们对本书的编写工作起到了很大的推动作用. 在此, 作者郑重地对以上单位与个人表示衷心的感谢. 本书的出版得到了中央高校基本科研业务费项目 (No.500422311) 的资助, 在此表示感谢. 由于作者水平有限, 书中难免出现错误与疏漏, 希望广大读者批评和指正.

作　者

2023 年 2 月于北京

目　　录

第 1 章 $\mathbb{R}^3$ 中极小曲面上 Gauss 映射的值分布性质

1.1 极小曲面上 Gauss 映射的 Picard 定理

设 $X = (x_1, x_2, x_3) : M \to \mathbb{R}^3$ 是一个连通的、定向的极小曲面. 曲面 M 上的 Gauss 映射 G 将曲面上的每一点 p 映射为曲面在该点处的法向量 $\boldsymbol{G}(p) \in \Sigma$. $\boldsymbol{G}$ 复合上球极投影映射 $\pi : \Sigma \to \overline{\mathbb{C}}$ 后, 可被看作亚纯函数 $g : M \to \overline{\mathbb{C}} := \mathbb{C} \cup \{\infty\}$. 为了研究方便, 我们直接将 g 看作曲面上的 Gauss 映射.

1.1.1 Gauss 映射不取某邻域的情形

选取等温坐标 (u, v), 令 $z = u + \sqrt{-1}v$, 曲面 M 可以被看作带有共形度量 $\mathrm{d}s^2$ 的 Riemann 曲面. 1915 年, S. Bernstein 证明了以下结果 [10].

定理 1.1(参考文献 [10]) 设 M 是 $\mathbb{R}^3$ 中的曲面, 定义如下:

$$M := \{(x_1, x_2, f(x_1, x_2)); (x_1, x_2) \in \mathbb{R}^2\},$$

这里 $f(x_1, x_2)$ 是定义在整个 (x_1, x_2)-平面上的 C^2 函数. 如果 M 是极小曲面, 那么 M 一定是平面.

注意, Bernstein 定理中涉及的极小曲面是通过函数 $z = f(x, y)$ 来定义的, 这使得至少有半个球面上的点是该曲面上的法向量映射取不到的. 关于 Bernstein 定理的延伸思考, 引起了很多国内外学者的关注. 例如, L. Nirenberg 曾经猜想, 对于 $\mathbb{R}^3$ 中的单连通极小曲面来说, 如果该曲面上的法向量映射取不到球面上某个小邻域中的点, 那么该极小曲面一定是平面. 这个猜想先后在 1959 年、1961 年被 R. Osserman 利用两种不同的方法证实了.

定理 1.2(参考文献 [6], [11]) 考虑 $\mathbb{R}^3$ 中完备的单连通极小曲面, 如果曲面上的法向量映射取不到某固定方向的小邻域中所有的点, 那么该极小曲面一定是平面.

R. Osserman 利用类似文献 [12]、[13] 中 E. Hopf、J. Nitsciie 等学者的方法, 在不依赖曲面具体表达形式的情况下证明了上述结果.

引理 1.1 (参考文献 [11]) 设 S 是一个非紧的、带有 Riemann 度量 ds^2 的单连通曲面, 令 f 是曲面 S 上正的实函数. 存在满足 $|dw| = fds$ 的从曲面 S 到复 w-平面的共形映射, 当且仅当有

$$\blacktriangle \log f = \mathfrak{K},$$

这里 $\blacktriangle$ 表示 Beltrami 算子, $\mathfrak{K}$ 是曲面的 Gauss 曲率.

证明 必要性是显然的. 如果存在那样的共形映射, 那么度量 ds 在等温坐标下可以表达为 $ds = \lambda|dw|$, 这里 $\lambda = 1/f$. 曲面的 Gauss 曲率可表示为

$$\mathfrak{K} = -\frac{\Delta \log \lambda}{\lambda^2} = \frac{\Delta \log f}{\lambda^2},$$

Δ 表示关于 w 的 Laplacian 算子. 此外, 在等温坐标下, Beltrami 算子 $\blacktriangle$ 与 Laplacian 算子 Δ 之间的关系是 $\blacktriangle = \Delta/\lambda^2$, 这就使得 $\blacktriangle \log f = \mathfrak{K}$.

充分性的证明. 根据单值化定理, 曲面 S 一对一共形于 $D = \{|z| < R(0 < R \leqslant \infty)\}$, 设 $|dz| = gds$. 由必要性证明中的方法可得 $\blacktriangle \log g = \mathfrak{K}$. 接下来, 只需找到 D 上满足 $|F'(z)| = f/g$ 的解析函数 $w = F(z)$ 即可. 根据已知条件, 有

$$\blacktriangle \log \frac{f}{g} = \blacktriangle \log f - \blacktriangle \log g = \mathfrak{K} - \mathfrak{K} = 0.$$

这蕴含着函数 $u = \log \frac{f}{g}$ 是调和的. 令 v 表示 D 上函数 u 的共轭调和函数, 则函数

$$F(z) = \int_0^z e^{u(\zeta)+iv(\zeta)} d\zeta$$

满足 $|F'(z)| = |e^{u+iv}| = e^u = f/g$. 这就完成了引理 1.1 的证明. □

引理 1.2 (参考文献 [11]) 设 S 是一个非紧的、带有 Riemann 度量 ds^2 的完备单连通曲面. 假设存在函数 f 满足

(a) $\blacktriangle \log f = \mathfrak{K}$;

(b) $f \geqslant \epsilon > 0$,

那么曲面 S 共形等价于整个平面.

证明 正如引理 1.1 的证明那样, 曲面 S 与圆盘 $\{|z| < R\}$ 共形, 同时可找到满足 $|\mathrm{d}w| = f\mathrm{d}s$ 的函数 $w = F(z)$. 在点 $w_0 = F(0)$ 的某个邻域内, 可先取反函数 $z = F^{-1}(w)$ 的某个解析分支, 然后证明此解析分支可以被延拓到整个 w-平面. 如若不然, 则存在点 w_0 处的一个最大圆盘, 在其边界上可找到 $F^{-1}(w)$ 的奇异点 w_1. 因为 $F'(z) \neq 0$, 所以 w_1 不是 $F^{-1}(w)$ 的代数分支点. 选取 w_0 到 w_1 的线段 L, 存在曲面 S 中一段通向边界的弧 C. 这段弧的长度为

$$\int_C \mathrm{d}s = \int_L |\mathrm{d}w|/f \leqslant |w_1 - w_0|/\epsilon < \infty.$$

这与曲面 S 的完备性相违背. 这样 $F^{-1}(w)$ 定义了一个从整个 w-平面到 $\{|z| < R\}$ 的解析映射, 这时有 $R = \infty$. □

现在开始证明定理 1.2, 注意到如果曲面 S 不是单连通的, 可考虑 S 的万有覆盖曲面.

定理 1.2 的证明 设 S 是给定的曲面, Σ 为单位球面. 因为 S 是极小曲面, 所以从 S 到 Σ 的法向量映射是共形的. 如果用 $\mathrm{d}s$ 和 $\mathrm{d}\sigma$ 分别表示曲面 S 和单位球面 Σ 上的线元, 那么 $\mathrm{d}\sigma^2/\mathrm{d}s^2 = |\mathfrak{K}|$.

选取空间坐标 ξ, η, ζ, 假设曲面 S 上的法向量映射不取 ζ 轴正方向的一个邻域. 令 $z = x + \mathrm{i}y$-平面对应 ξ, η-平面, 单位球面 Σ 通过球极投影映射到 z-平面, Σ 上的线元 $\mathrm{d}\sigma = \frac{2}{1+|z|^2}|\mathrm{d}z|$. 注意到 λ_0 在任何有界区域上的取值都是正的. 设 $\lambda = \lambda_0/\sqrt{|\mathfrak{K}|}$, $\mathrm{d}s = \lambda|\mathrm{d}z|$. 选取函数 $f := \lambda_0$,

$$\blacktriangle \log f = \frac{\Delta \log \lambda_0}{\lambda^2} = |\mathfrak{K}|\frac{\Delta \log \lambda_0}{\lambda_0^2} = -|\mathfrak{K}| = \mathfrak{K},$$

这里 $\frac{\Delta \log \lambda_0}{\lambda_0^2} = -1$ 表示单位球面 Σ 的 Gauss 曲率, 同时上述等式用到了极小曲面的曲率处处非正的事实.

根据条件, 假设曲面 S 上的法向量映射取不到 ζ 轴正方向的某个邻域中所有的点. 在复合上球极投影映射后, 曲面上法向量映射将曲面 S 映射到平面上的一个有界区域. 这时在 S 上有 $\lambda_0 \geqslant \epsilon > 0$. 利用引理 1.2, S 共形于整个 w-平面,

还可得到一个从整个 w-平面到有界区域的解析映射. 由这样的映射只能是常值映射, 可推出曲面 S 上所有的法向量指向同一个方向, 故曲面 S 只能是平面. □

1961 年, R. Osserman 将极小曲面上的几何问题转化为圆盘上的解析函数的解析问题 [6]. 用 D 表示圆盘或者整个复平面, $\mathbb{R}^3$ 表示 3 维欧氏空间, $X = (x_1, x_2, x_3)$ 表示 $\mathbb{R}^3$ 中的点.

定义 1.1(参考文献 [6]) 设 $X = (x_1, x_2, x_3) : D \to \mathbb{R}^3$, $x_k = h_k(\zeta)$ 是 D 上的调和函数. 令

$$\varphi_k = \frac{\partial h_k}{\partial \xi} - \mathrm{i} \frac{\partial h_k}{\partial \eta}, \quad \zeta = \xi + \mathrm{i}\eta, \tag{1.1.1}$$

如果对于任意的 $\zeta \in D$, 上述函数满足

(a) $$\sum_{k=1}^{3} \varphi_k^2(\zeta) = 0;$$

(b) $$\sum_{k=1}^{3} |\varphi_k^2(\zeta)| \neq 0, \tag{1.1.2}$$

那么通过映射 $X = (x_1, x_2, x_3)$ 可定义 $\mathbb{R}^3$ 中的单连通极小曲面 S.

注 1.1 上述函数 $h_k(\zeta)$ 是调和的, 由此可推出函数 $\varphi_k(\zeta)$ 是解析的. 对于每个单连通极小曲面, 可找到一组解析函数 $\varphi_k(\zeta)$ 满足条件 (1.1.2). 反过来, 给定一组满足式 (1.1.2) 的解析函数 $\varphi_k(\zeta)$, 令

$$h_k(\zeta) = \mathrm{Re} \int \varphi_k(\zeta) \mathrm{d}\zeta,$$

这样可得到调和函数 $h_k(\zeta)$. 这就是说, 在至多差一个常数的条件下, $h_k(\zeta)$ 可由 $\varphi_k(\zeta)$ 确定, 或者说 $\varphi_k(\zeta)$ 在至多差一个变换的情形下可确定一个单连通极小曲面.

引入一些经典概念:

$$E = X_\xi \cdot X_\xi, \quad F = X_\xi \cdot X_\eta, \quad G = X_\eta \cdot X_\eta,$$

有下列公式:

$$\sum_{k=1}^{3} \varphi_k^2(\zeta) = (E - G) - 2\mathrm{i}F,$$

$$\sum_{k=1}^{3} |\varphi_k^2(\zeta)| = E + G. \tag{1.1.3}$$

结合式 (1.1.2) 中的条件 (a), 有 $E = G, F = 0$. 这时 (ξ, η) 是等温坐标. 式 (1.1.2) 中的条件 (b) 则保证了映射 $X : D \to \mathbb{R}^3$ 的 Jacobian 矩阵在每一点处的秩都是 2, 这蕴含着映射 X 在局部上都是一对一的. 从上述分析也可以看出, 如果在等温坐标下坐标函数 x_k 是调和的, 那么该曲面是极小曲面.

考虑一般的曲面 S, 它可由抽象微分曲面 S_0 到 $\mathbb{R}^3$ 的映射所定义. 假定该映射的 Jacobian 矩阵的秩处处为 2, 那么通过该映射, 可由 $\mathbb{R}^3$ 中的欧氏度量诱导出 S_0 上的一个微分度量以及复解析结构 (只要 S_0 是可定向的, 特别是当 S_0 是单连通的). 在等温坐标的选取下, 坐标函数是调和的是 $\mathbb{R}^3$ 中曲面在局部上是极小曲面的条件. 此处 S 是单连通的指的是 S_0 是单连通的, 并且由 Koebe 单值化定理知道, S_0 要么是单位圆盘, 要么是整个复平面 (如果 S_0 是紧集, 那么根据坐标函数的调和性质知道, 坐标函数一定是常值的).

引理 1.3(参考文献 [6]) 对于任意给定的单连通极小曲面, 其对应的解析函数为 $\varphi_k(\zeta)$(其定义在式 (1.1.1)), 令

$$f = \varphi_1 - i\varphi_2, \tag{1.1.4}$$

$$g = \varphi_3 / (\varphi_1 - i\varphi_2), \tag{1.1.5}$$

那么 f, g 有以下性质:

(a) f 在 D 上是解析的, 它所有零点的重数都是偶次的;

(b) g 是 D 上的亚纯函数, g 的极点就是 f 的零点, 并且如果 a 是 g 的 m 重极点, 那么 a 是 f 的 $2m$ 重零点.

证明 根据式 (1.1.2) 中的条件 (a), 有

$$(\varphi_1 - i\varphi_2)(\varphi_1 + i\varphi_2) = -\varphi_3^2. \tag{1.1.6}$$

由式 (1.1.6) 知道, f 的零点必为 φ_3 的零点, 式 (1.1.6) 左端函数的零点重数必为偶数. 此外, 式 (1.1.2) 中的条件 (b) 保证了 $\varphi_1, \varphi_2, \varphi_3$ 不能同时为 0, 容易看出函

数 $\varphi_1 - \mathrm{i}\varphi_2$ 所有的零点都是 φ_3^2 的零点, 并且具有相同的重数. 引理的结论 (a)、(b) 可以直接被验证. $\qquad\square$

结合式 (1.1.4), 式 (1.1.5) 以及式 (1.1.6), 可得到 φ_k 的表示式:

$$
\begin{aligned}
\varphi_1 &= \frac{1}{2} f(1 - g^2), \\
\varphi_2 &= \frac{\mathrm{i}}{2} f(1 + g^2), \\
\varphi_3 &= fg.
\end{aligned}
\tag{1.1.7}
$$

引理 1.4(参考文献 [6]) 给定区域 D 上满足引理 1.3 中的条件 (a)、(b) 的两个函数 f, g, 那么由式 (1.1.7) 定义的 φ_k 满足式 (1.1.2), 其在至多差一个变换的条件下唯一确定一个极小曲面.

证明 引理 1.3 中的条件 (a)、(b) 保证了函数 φ_k 在区域 D 上的解析性, 由式 (1.1.7) 有

$$
\sum_{k=1}^{3} |\varphi_k^2(\zeta)| = \frac{1}{2} |f|^2 (1 + |g|^2)^2.
\tag{1.1.8}
$$

由条件 (b) 知道式 (1.1.8) 不取零, 即式 (1.1.2) 的 (b) 成立. 对于式 (1.1.2) 的 (a), 也可以直接验证. $\qquad\square$

根据引理 1.3 和引理 1.4, 对于单连通极小曲面的研究可以转化成对函数 f, g 的研究, 其零点极点只需要满足条件 (a)、(b). 此外, 研究 f, g 这对函数的价值在于它们有着非常重要的几何意义. 例如: 曲面在函数 f 的零点或者函数 g 的极点处的法向量会指向 x_3 轴的正方向. 事实上, 若 $f(\zeta_0) = 0$, 则 $\varphi_1(\zeta_0) = \mathrm{i}\varphi_2(\zeta_0)$. 这时候, $X_\xi \times X_\eta \mid_{\zeta_0} = (0, 0, |\varphi_1|^2) \mid_{\zeta_0}$, 即该点处的单位法向量 $\boldsymbol{n} = (0, 0, 1)$. 根据式 (1.1.1), 有

$$
X_\xi = \frac{1}{2}(\varphi_1 + \overline{\varphi_1}, \varphi_2 + \overline{\varphi_2}, \varphi_3 + \overline{\varphi_3}),
$$

$$
X_\eta = \frac{\mathrm{i}}{2}(\varphi_1 - \overline{\varphi_1}, \varphi_2 - \overline{\varphi_2}, \varphi_3 - \overline{\varphi_3}).
$$

令 $f = s + \mathrm{i}t, g = u + \mathrm{i}v$, 结合关系式 (1.1.7) 可推导出

$$
X_\xi = \frac{1}{2}(s(1 - u^2 + v^2) + 2tuv, -t(1 - u^2 + v^2) - 2suv, 2su - 2tv),
$$

$$X_\eta = \frac{1}{2}(-t(1-u^2+v^2)+2suv, -s(1-u^2+v^2)+2tuv, -2sv-2tv).$$

因此,

$$X_\xi \times X_\eta = \frac{1}{2}|f|^2(1+|g|^2)(u, v, \frac{1}{2}(|g|^2-1)). \tag{1.1.9}$$

曲面上的法向量 $\boldsymbol{n}$ 可进一步表示为

$$\boldsymbol{n} = \left(\frac{2u}{|g|^2+1}, \frac{2v}{|g|^2+1}, \frac{|g|^2-1}{|g|^2+1}\right), \quad g \neq \infty. \tag{1.1.10}$$

上述法向量 $\boldsymbol{n}$ 将 (u,v)-平面上的点映射到单位球面. 因此, 函数 g 可以被看作曲面 S 上的映射 X、曲面 S 上的 Gauss 映射 $\boldsymbol{n}$ 以及从 $(0,0,1)$ 出发的球极投影映射这 3 个映射的复合映射. 这蕴含着 "曲面 S 上的法向量不取某些方向" 等价于 "函数 g 不取复平面上对应的值".

　　曲面 S 上的度量可由区域 D 上的欧氏度量通过定义映射 X 诱导出来, 由式 (1.1.3)、式 (1.1.8) 以及 $\mathrm{d}s^2 = E|\mathrm{d}\zeta|^2$ 可以推导出其度量形式:

$$\mathrm{d}s = \frac{1}{2}|f|(1+|g|^2)|\mathrm{d}\zeta|. \tag{1.1.11}$$

　　定义 1.2(参考文献 [6])　"一条通向区域边界的路径" 指的是一条定义在 $\{t : t \geqslant 0\}$ 上的连续曲线, 对于区域内任意的紧子集 K, 都存在 t_0 使得当 $t \geqslant t_0$ 时该曲线落在紧集 K 的外面.

　　定义 1.3(参考文献 [6])　带有 Riemann 度量的曲面是 "完备的", 指的是曲面上任意一条通向边界的路径都有无限的长度.

　　引理 1.5(参考文献 [6])　设 $f(\zeta)$ 是单位圆盘 $\{|\zeta| < 1\}$ 上任意不取 0 的解析函数, 那么存在一条通向圆盘边界的路径 C 使得

$$\int_C |f(\zeta)||\mathrm{d}\zeta| < \infty.$$

　　证明　令 $w = F(z) = \int_0^z f(\zeta)\mathrm{d}\zeta$, 那么 $F(z)$ 将 $\{|z| < 1\}$ 映射成一个非全平面且无代数分支点的 Riemann 曲面. 这样的曲面必定存在具有有限距离的边界点. 具体地, 令 $z = G(w)$ 表示其反函数且满足 $G(0) = 0$, 因为 $|G(w)| < 1$, 所以设 $G(w)$ 可定义的最大圆盘为 $\{|w| < R, R < \infty\}$, 同时在其边界上一定存在

$|w_0| = R$ 使得 $G(w)$ 不被延拓到 w_0 的某个邻域上. 令 L 表示从 0 到 w_0 的线段, $C = G(L)$ 表示该线段的像集, 那么 C 一定通向单位圆盘的边界. 如若不然, 存在点列 $w_n \to w_0$ 使得 $z_n = G(w_n) \to z_0(|z_0| < 1)$, 那么 $F(z_0) = w_0$. 因为 $F'(z_0) = f(z_0) \neq 0$, 所以 $F(z)$ 将 z_0 的邻域一对一地映射到 w_0 的某邻域. 这时 $G(w)$ 可以被延拓到 w_0 的邻域中, 这与最大的半径 R 的选取相矛盾. 即 C 一定通向单位圆盘的边界, 并且有

$$\int_C |f(\zeta)||\mathrm{d}\zeta| = \int_L |\mathrm{d}w| = R < \infty. \qquad \Box$$

利用上述引理, R. Osserman 证明了以下结果.

引理 1.6(参考文献 [6]) E 是球面上至少包含 3 个点的集合, 其中 $(0,0,1) \in E$, 那么下面的两种表述是等价的.

I 对于任何一个完备的单连通极小曲面, 如果其曲面上的法向量不取 E 中点集对应的方向向量, 那么该曲面一定是平面.

II f, g 是单位圆盘上的两个解析函数且 f 不取 0. 球面上集合 E 中的点通过球极投影映射对应扩充复平面上的点集, 记为 E'. 如果 g 不取集合 E' 中的点, 那么存在一条通向单位圆盘边界的路径 C 使得

$$\int_C |f|(1 + |g|^2)|\mathrm{d}\zeta| < \infty. \qquad (1.1.12)$$

证明   首先假设在给定点集 E 的条件下, 论断 II 是错误的. 即存在解析函数 f, g $(f \neq 0)$ 使得对于任意通往边界的路径 C, 有

$$\int_C |f|(1 + |g|^2)|\mathrm{d}\zeta| = \infty. \qquad (1.1.13)$$

因为 $f \neq 0, g \neq \infty$, 所以 f, g 自动满足引理 1.3 中的条件 (a)、(b), 根据引理 1.4 知道, 函数 f, g 可确定一个单连通的极小曲面 S. 由式 (1.1.11) 和式 (1.1.13) 知道曲面 S 是完备的. 另外, g 不取 E' 中的点, 这等价于曲面 S 上的法向量不取 E 中的点. 正如引理 1.5 所证明的那样, g 不是常值, 也就是说, 完备的极小曲面 S 不是平面, 即若论断 II 是错的, 则论断 I 也是错的.

接下来需要在假设论断 II 正确的基础上证明论断 I 也是正确的. 考虑任意一个单连通极小曲面 S, 如果曲面上的法向量不取 E 中的点, 则需要证明曲面 S 要

么是平面, 要么是不完备的. 曲面 S 的定义区域 D 可分为单位圆盘和复平面两种情形.

情形 1　D 是整个复平面. 由 E 中至少包含 3 个点, 不难知道定义在整个复平面上的亚纯函数 g 不取 3 个值, 只能是常值, 这蕴含着曲面 S 上的每一点都具有相同的法向量. 又因为曲面是完备的, 所以只能是平面.

情形 2　D 是单位圆盘, $|\zeta| < 1$. 这时, f, g 满足论断 II 中的假设条件, 则对于一些路径 C, 式 (1.1.12) 成立. 再由式 (1.1.11) 知道曲面是不完备的, 论断 I 自动满足.　　$\square$

定理 1.2 的另外一种证明　不妨选择 $\mathbb{R}^3$ 中的 x_3 轴使得该极小曲面上的法向量映射不取 x_3 轴正方向的某邻域. 如果该极小曲面的定义区域 D 是全平面, 那么可推出与该极小曲面相关的亚纯函数 g 一定是常值函数, 即该极小曲面一定是平面. 对于定义区域 D 是单位圆盘的情形, 根据引理 1.5、引理 1.6 中的论断 II, 存在不取 0 的函数 f 以及全纯函数 g 使得式 (1.1.12) 成立, 再由引理 1.6 中的论断 I 知, 该极小曲面是平面.　　$\square$

1.1.2　Gauss 映射不取若干方向的情形

定理 1.3 (参考文献 [6])　在 $\mathbb{R}^3$ 中存在一个完备的单连通极小曲面 S, 该曲面上的法向量映射恰好不取某 4 个不同的方向.

证明　设 $R := \mathbb{C} \setminus \{2n\pi\mathrm{i}, n \in \mathbb{Z}\}$, 令 $G(z) = 1/(1 - \mathrm{e}^z)$, 则 $G(z)$ 在 R 上不取 $0, 1, \infty$. 用 $\hat{R}$ 表示 R 的万有覆盖曲面, 其共形等价于单位圆盘. 用 $\Phi(\zeta)$ 表示从 $\{|\zeta| < 1\}$ 到 $\hat{R}$ 的共形映射, Π 表示从 $\hat{R}$ 到 R 的投影映射, 那么 $F(\zeta) := \Pi(\Phi(\zeta))$ 是局部一对一的解析映射, 因此, $f(\zeta) = F'(\zeta) \neq 0$. 令 $g(\zeta) = [G(F(\zeta))]^{\frac{1}{2}}$, 这里我们可选取平方根中的某一解析分支. 显然, $g(\zeta)$ 不取 $0, \pm 1, \infty$. 进一步, 我们可根据函数 f, g 的选择构造一个单连通极小曲面 S, 这样极小曲面 S 上的法向量正好不取球面上的 4 个点. 接下来, 我们证明该曲面 S 是完备的.

令 C 是通向单位圆盘 $\{|\zeta| < 1\}$ 边界的任意曲线, 设 C' 是曲线 C 在映射 $z = F(\zeta)$ 下的像集, 那么有

$$\int_C |f(\zeta)|(1 + |g(\zeta)|^2)|\mathrm{d}\zeta| = \int_{C'} (1 + |G(z)|)|\mathrm{d}z|. \tag{1.1.14}$$

情形 1 C' 是无限长的, 从而

$$\int_{C'}(1+|G(z)|)|\mathrm{d}z| \geqslant \int_{C'}|\mathrm{d}z| = \infty.$$

情形 2 C' 是有限长的, 那么 C' 一定趋于特定的点 z_0. 因为 C 通向单位圆盘 $\{|\zeta|<1\}$ 边界, 所以 z_0 一定是 $2n\pi\mathrm{i}$ 中的点. 在 z_0 的小邻域内,

$$1 - \mathrm{e}^z = (z-z_0)\left(1 + \frac{1}{2}(z-z_0) + \cdots\right),$$

$$|G(z)| \geqslant \frac{1}{2|z-z_0|}.$$

设 C'' 表示曲线 C' 落在该邻域内的部分曲线, 则

$$\int_{C'}(1+|G(z)|)|\mathrm{d}z| \geqslant \int_{C''}\frac{|\mathrm{d}z|}{2|z-z_0|} = \infty.$$

综上, 式 (1.1.14) 中的积分在任意通向边界的路径 C 上都是发散的. 曲面 S 的完备性得证. □

极小曲面 S 是通过可定向曲面 S_0 到 $\mathbb{R}^3$ 的映射来定义的, 其曲面上的度量 $\mathrm{d}s$ 可由 $\mathbb{R}^3$ 中的欧氏度量通过映射诱导得到.

定义 1.4 (参考文献 [6]) 如果曲面上的点 $p \in S$ 对应曲面 S_0 上的点 p_0, 那么可定义点 p 到曲面 S 的边界距离:

$$d = \inf\int_C \mathrm{d}s,$$

这里 C 指的是任意一条从 p_0 通向曲面 S_0 边界的路径.

特别地, 若 $d=\infty$, 则 S 是完备的. 对于曲面 S_0, 其万有覆盖曲面 $\hat{S}_0$ 是单连通的, 且其曲面上也会得到相应的诱导度量 $\mathrm{d}\hat{s}$. R. Osserman 在文献 [6] 的引理 7 中指出, 如果 $\hat{p}_0 \in \hat{S}_0$ 对应曲面 S_0 上的点 p_0, 那么 $\hat{p}_0$ 到曲面 $\hat{S}_0$ 边界的距离等于 p_0 到曲面 S_0 边界的距离. 由此进一步得到曲面 $\hat{S}_0$ 是完备的, 当且仅当曲面 S_0 是完备的.

如果 S 是任意一个极小曲面, 点 $p \in S$ 到曲面边界的距离为 d, 那么存在单连通的极小曲面 $\hat{S}$ 以及点 $\hat{p} \in S$ 使得点 $\hat{p}$ 到曲面边界的距离也为 d, 曲面 $\hat{S}$ 在

$\hat{p}$ 点处的法向量和曲面 S 在 p 点处的法向量是一样的, 同时曲面 $\hat{S}$ 上的法向量映射所取的球面点集和曲面 S 上的法向量的映射取值是一样的. 基于上述分析与讨论, 我们不需要假设曲面的单连通性. 例如, 对于定理 1.2, 可推出如下结论: 对于 $\mathbb{R}^3$ 中任何完备的极小曲面, 如果曲面上的法向量不取某方向的一个邻域, 那么该极小曲面一定是平面. R. Osserman 在文献 [6] 中还进一步证明了对于 $\mathbb{R}^3$ 中任何完备的极小曲面, 如果曲面上的法向量不取曲面上一个正测度的点集, 那么该极小曲面一定是平面. 同时, R. Osserman 猜想: 给定单位球面上的一个闭点集 E, 存在一个完备的极小曲面满足其曲面上的法向量映射恰好不取 E 中点集的充分必要条件是点集 E 的对数测度为 0 [6].

1981 年, F. Xavier 证实了上述猜想, 并得到了以下结果.

定理 1.4(参考文献 [9]) $\mathbb{R}^3$ 中完备的、非平坦的极小曲面上的 Gauss 映射的像集是整个球面 Σ, 至多有 6 个例外值.

为证明上述结论, 需要以下两个结果.

定理 1.5 (参考文献 [14]) 设 M 是完备的、拥有无限体积的 Riemann 流形, u 是 M 上满足几乎处处 $\Delta \log u = 0$ 的非负函数, 则对于任意 $p > 0$, 有 $\int_M u^p \mathrm{d}\sigma = \infty$, 这里 $\mathrm{d}\sigma$ 表示曲面 M 上的体积形式.

引理 1.7(参考文献 [9]) 设 f 是单位圆盘 D 上的全纯函数, $f(z) \neq 0, a$. 令 $\alpha = 1 - 1/k, k \in \mathbb{Z}^+$, 则对于每个 $0 < p < 1$, 有

$$\frac{|f'|}{|f|^\alpha + |f|^{2-\alpha}} \in L^p(D).$$

证明 回顾概念: D 上的函数 g 是正规的指的是函数族 $\{g(T(z))\}$ 在 Montel 的意义下是正规的, 这里的 T 是单位圆盘之间的共形变换映射. 由文献 [15] 中的定理 6.5 知道, 存在常数 C 使得

$$\frac{|g'|}{1 + |g|^2} \leqslant \frac{C}{1 - |z|^2}.$$

根据已知条件, $f^{1/k}$ 不取两个值, 再由文献 [15] 知道 $f^{1/k}$ 是正规的. 进一步, 有

$$\frac{|f'|}{k|f|^{1-1/k}(1 + |f|^{2/k})} \leqslant \frac{C}{1 - |z|^2},$$

从而

$$\frac{|f'|}{|f|^{1-1/k} + |f|^{2-(1-1/k)}} \leqslant \frac{kC}{1-|z|^2}.$$

特别地, 对于任意的 $0 < p < 1$, 有

$$\frac{|f'|}{|f|^{\alpha} + |f|^{2-\alpha}} \in L^p(D). \qquad \square$$

定理 1.4 的证明 假设 M 是完备的、非平坦的极小曲面, 并且该曲面上的 Gauss 映射不取 7 个值. 正如文献 [16] 中讨论的那样, 不妨假设 $M = D$. 函数 f, g 都是 D 上的全纯函数, $|f| > 0$, 它们来自极小曲面的 Weierstrass 表示. 这时曲面上的度量可以表示为 $\mathrm{d}s^2 = |f|^2(1+|g|^2)^2|\mathrm{d}z|^2$. 注意到这里的函数 g 复合上一个球极投影的逆映射后就变成了曲面上的 Gauss 映射. 不难知道, g 没有极点就蕴含着 Gauss 映射不取球面的北极点. 接下来, 只需要证明以下结论: 如果全纯函数 g 不取 6 个不同的复常数 $a_1, a_2, \cdots, a_6$, 那么 D 上的度量 $\mathrm{d}s^2$ 不是完备的. 这与曲面的完备性相矛盾.

考虑函数

$$h = f^{-2/p} g' \prod_{i=1}^{6} (g - a_i)^{-\alpha},$$

这里 $5/6 < \alpha < 1$, $p = 5/6\alpha$. 因为 $|f| > 0$, 所以函数 $u = |h|$ 几乎处处满足 $\Delta \log u = 0$(可能除去 g' 的孤立零点). 接下来说明 $u \notin L^p(M)$. 如果 u 是常数 (非零), 那么利用曲面的完备性条件可直接验证. 如果 u 不是常数, 根据定理 1.5 可直接得到 $u \notin L^p(M)$. 因为曲面 M 上的面积微元可以表示为 $|f|^2(1+|g|^2)^2\mathrm{d}x\mathrm{d}y$, 所以由 $u \notin L^p(M)$ 可推出

$$\int_D \frac{|g'|^p(1+|g|^2)^2}{\prod\limits_{i=1}^{6}|g-a_i|^{p\alpha}}\mathrm{d}x\mathrm{d}y = \infty.$$

令 $D_j = \{z \in D | |g(z) - a_j| \leqslant l\}$, $0 < l < \frac{1}{4}\min\limits_{i \neq k; i,k=1,\cdots,6}|a_i - a_k|$. 再令 $D' = D \setminus \bigcup\limits_{j=1}^{6} D_j$ 以及

$$H = \frac{|g'|^p(1+|g|^2)^2}{\prod\limits_{i=1}^{6}|g-a_i|^{p\alpha}}.$$

这样有

$$\int_D H\mathrm{d}x\mathrm{d}y = \sum_{j=1}^6 \int_{D_j} H\mathrm{d}x\mathrm{d}y + \int_{D'} H\mathrm{d}x\mathrm{d}y.$$

在每个小区域 D_j 上, $H \leqslant C \cdot \frac{|g'|^p}{|g-a_j|^{p\alpha}}$. 不妨假设 $l < 1$,

$$\frac{|g'|^p}{|g-a_j|^{p\alpha}} \leqslant 2^p \frac{|g'|^p}{(|g-a_j|^\alpha + |g-a_j|^{2-\alpha})^p}.$$

由引理 1.7 知道 $\displaystyle\int_{D_j} H\mathrm{d}x\mathrm{d}y < \infty$. 在 D' 上可用类似的方法得到

$$H \leqslant C \cdot \frac{|g'|^p}{|g-a_6|^{5/6}}.$$

因此,

$$\int_{D'} H\mathrm{d}x\mathrm{d}y \leqslant C \int_{D'} \frac{|g'|^p}{|g-a_6|^{5/6}}\mathrm{d}x\mathrm{d}y < \infty.$$

综上, $\displaystyle\int_D H\mathrm{d}x\mathrm{d}y < \infty$, 这与事实 $u \notin L^p(M)$ 相矛盾. 这就证明了如果全纯函数 g 不取 6 个不同的复常数, 那么度量 $\mathrm{d}s^2$ 不是完备的. 即 $\mathbb{R}^3$ 中完备的、非平坦的极小曲面上的 Gauss 映射的像集是整个球面 Σ, 至多有 6 个例外值. □

1.2　极小曲面上 Gauss 映射的新型亏量关系

在此章节, 将介绍一些关于开 Riemann 曲面上的非常值亚纯函数的新型亏量概念 [17]. 从前面的介绍知道, $\mathbb{R}^3$ 中极小曲面上的 Gauss 映射复合上合适的球极投影映射后可被看作曲面上的一个亚纯函数. 因此, 对于 $\mathbb{R}^3$ 中极小曲面上的 Gauss 映射, 我们可得到类似 Nevanlinna 理论中关于亚纯函数亏量关系的结果.

1.2.1　关于全纯映射的 3 种新型亏量

设 M 是一个开的 Riemann 曲面, f 是从曲面 M 到 $\mathbb{P}^1(\mathbb{C})$ 上的非常值全纯映射. 如果存在两个没有公共零点的全纯函数 f_0, f_1 使得 $f = (f_0 : f_1)$, 那么称 $(f_0 : f_1)$ 为 f 的一个约化表示. 令 $\|f\| = (|f_0|^2 + |f_1|^2)^{1/2}$, 定义 $F_\alpha := a^1 f_0 - a^0 f_1$, 这里 $\alpha = (a^0 : a^1) \in \mathbb{P}^1(\mathbb{C})$ 满足 $|a^0|^2 + |a^1|^2 = 1$.

定义 1.5(参考文献 [17]) 定义 f 关于 α 的 S-亏量：

$$\delta_f^S(\alpha) := 1 - \inf\{\eta \geqslant 0; \eta \text{ 满足条件}(*)_S\}.$$

这里的 $(*)_S$ 表示存在从 M 到 $[-\infty, \infty)$ 中的连续、次调和函数 $u(\not\equiv -\infty)$ 满足下面条件：

(D1) $\mathrm{e}^u \leqslant \|f\|^\eta$；

(D2) 对每个 $\varsigma \in f^{-1}(\alpha)$, 存在极限 $\lim_{z \to \varsigma}(u(z) - \log|z - \varsigma|) \in [-\infty, \infty)$, 这里 z 表示 ς 某邻域上的局部全纯坐标.

注意, 在文献 [18]、[19] 中, 函数关于 α 的 S-亏量也被称为函数的 α 非积分亏量.

定义 1.6(参考文献 [17]) 定义 f 关于 α 的 H-亏量：

$$\delta_f^H(\alpha) := 1 - \inf\{\eta \geqslant 0; \eta \text{ 满足条件}(*)_H\}.$$

这里 $(*)_H$ 指的是存在从 M 到 $[-\infty, \infty)$ 中的连续函数 u, 使得 u 在 $M \setminus f^{-1}(\alpha)$ 上调和并且满足上述条件 (D1)、(D2).

定义 1.7(参考文献 [17]) 定义 f 关于 α 的 O-亏量：

$$\delta_f^O(\alpha) := 1 - \inf\{1/m; F_\alpha \text{ 没有重数少于 } m \text{ 的零点}\}.$$

显然, 如果 η 满足 $(*)_H$ 的条件, 那么一定满足 $(*)_S$ 的条件. 再者, 如果 F_α 没有重数少于 m 的零点, 那么 $\eta := 1/m$ 满足 $(*)_H$ 的条件. 事实上, 函数 $u = \eta \log|F_\alpha|$ 在 $M \setminus f^{-1}(\alpha)$ 上是调和的, 并且满足条件 (D1)、(D2). 基于上述分析可知

$$0 \leqslant \delta_f^O(\alpha) \leqslant \delta_f^H(\alpha) \leqslant \delta_f^S(\alpha) \leqslant 1. \tag{1.2.1}$$

这些新的亏量具有与经典 Nevanlinna 亏量类似的性质.

命题 1.1(参考文献 [17])

(i) 如果存在 M 上的一个有界全纯函数 g 使得 $g^{-1}(0) = f^{-1}(\alpha)$, 那么 $\delta_f^H(\alpha) = \delta_f^S(\alpha) = 1$.

(ii) 如果 F_α 没有重数低于 m 的零点, 那么

$$\delta_f^S(\alpha) \geqslant \delta_f^H(\alpha) \geqslant \delta_f^O(\alpha) \geqslant 1 - 1/m.$$

特别地, 如果 $f^{-1}(\alpha) = \varnothing$, 那么 $\delta_f^O(\alpha) = 1$.

证明　论断 (ii) 可以从 O-亏量的定义直接得出. 接下来验证论断 (i), 考虑函数 $u = \log(|g|/K)$, 这里 $K = \sup\{|g(z)|; z \in M\}$. 当 $\eta = 0$ 时, 函数 u 满足条件 (D1), (D2). 即 $\eta = 0$ 满足 $(*)_H$, 故 $\delta_f^H(\alpha) = 1$.　　　$\square$

考虑 $M = \mathbb{C}$ 的情形, 不失一般性, 假设 $f(0) \neq \alpha$. 定义 f 的增长级函数

$$T^f(r) := \frac{1}{2\pi} \int_0^{2\pi} \log \|f(re^{i\theta})\| d\theta - \log \|f(0)\|,$$

关于 α 的计数函数可被定义为

$$N_\alpha^f(r) := \int_0^r \#(f^{-1}(\alpha) \cap \{z : |z| \leqslant t\}) \frac{dt}{t},$$

这里 $\#A$ 表示集合 A 中元素的个数. 经典的 Nevanlinna 亏量在不计较计数重数的情形下可被定义如下:

$$\delta_f(\alpha) := 1 - \limsup_{r \to \infty} \frac{N_\alpha^f(r)}{T^f(r)}.$$

利用 Jensen 公式, 容易证明

$$0 \leqslant \delta_f^S(\alpha) \leqslant \delta_f(\alpha). \tag{1.2.2}$$

由经典的 Nevanlinna 亏量关系可直接得到以下结论.

定理 1.6(参考文献 [17])　设 $f : \mathbb{C} \to \mathbb{P}^1(\mathbb{C})$ 是非常值的全纯映射. 对于任意不同的点 $\alpha_1, \cdots, \alpha_q \in \mathbb{P}^1(\mathbb{C})$, 有

$$\sum_{j=1}^q \delta_f^S(\alpha_j) \leqslant 2.$$

1.2.2　极小曲面上 Gauss 映射的 H-亏量关系

1961 年, R. Osserman 猜测: 对于非平坦的、完备的极小曲面 M, 该曲面上的 Gauss 映射 $g : M \to \overline{\mathbb{C}}$ 取不到的点集是个零测集 [6]. 之后, F. Xavier 证实了上述极小曲面上的 Gauss 映射至多取不到球面上 6 个不同的点 [9]. H. Fujimoto 将该曲面上 Gauss 映射的至多 6 个例外值减少到 4 个例外值, 这是个精确的结

果 [5]. 事实上, 在 $\mathbb{R}^3$ 中存在很多完备的极小曲面, 这样的曲面上的 Gauss 映射不取球面上的 4 个点 [6].

定理 1.7 (参考文献 [17]) 设 $X : M \to \mathbb{R}^3$ 是非平坦的、完备的极小曲面, $g : M \to \mathbb{P}^1(\mathbb{C})$ 是曲面上的 Gauss 映射. 对于任意给定的不同的点 $\alpha_1, \cdots, \alpha_q \in \mathbb{P}^1(\mathbb{C})$, 有

$$\sum_{j=1}^{q} \delta_g^H(\alpha_j) \leqslant 4.$$

推论 1.1 (参考文献 [17]) $\mathbb{R}^3$ 中非平坦的、完备的极小曲面上的 Gauss 映射最多不取 4 个点.

设 $X : M \to \mathbb{R}^4$ 是 $\mathbb{R}^4$ 中的一个极小曲面. 正如大家所知道的, $\mathbb{R}^4$ 中所有可定向的 2 维平面组成的集合等同于 $\mathbb{P}^3(\mathbb{C})$ 中的二次曲面:

$$Q_2(\mathbb{C}) = \left\{ (w_1 : \cdots : w_4) \in \mathbb{P}^3(\mathbb{C}); \ w_1^2 + w_2^2 + w_3^2 + w_4^2 = 0 \right\}.$$

曲面 M 的 Gauss 映射可以被定义为 $G : M \to Q_2(\mathbb{C})$, 即将每一点 $p \in M$ 映射到点 p 处的切平面 $G(p) \in Q_2(\mathbb{C})$. 因为 $Q_2(\mathbb{C})$ 和 $\mathbb{P}^1(\mathbb{C}) \times \mathbb{P}^1(\mathbb{C})$ 双全纯, 所以 G 可以等同于亚纯函数对 $g = (g_1, g_2) : M \to \mathbb{P}^1(\mathbb{C}) \times \mathbb{P}^1(\mathbb{C})$.

H. Fujimoto 获得了以下结论.

定理 1.8 (参考文献 [17]) 设 $X : M \to \mathbb{R}^4$ 是一个完备的极小曲面, $g = (g_1, g_2) : M \to \mathbb{P}^1(\mathbb{C}) \times \mathbb{P}^1(\mathbb{C})$ 是曲面 M 上的 Gauss 映射.

(i) 假定 g_1, g_2 均非常值, 那么对于任意不同的 $\alpha_{11}, \cdots, \alpha_{1q_1} \in \mathbb{P}^1(\mathbb{C})$ 以及不同的 $\alpha_{21}, \cdots, \alpha_{2q_2} \in \mathbb{P}^1(\mathbb{C})$, 下面的结论至少有一个成立:

(a) $\displaystyle\sum_{i=1}^{q_1} \delta_{g_1}^H(\alpha_{1i}) \leqslant 2$;

(b) $\displaystyle\sum_{j=1}^{q_2} \delta_{g_2}^H(\alpha_{2j}) \leqslant 2$;

(c) $\dfrac{1}{\displaystyle\sum_{i=1}^{q_1} \delta_{g_1}^H(\alpha_{1i}) - 2} + \dfrac{1}{\displaystyle\sum_{j=1}^{q_2} \delta_{g_2}^H(\alpha_{2j}) - 2} \geqslant 1.$

(ii) 假定 g_1 非常值, g_2 是常值, 那么对于任意的 $\alpha_1, \cdots, \alpha_q \in \mathbb{P}^1(\mathbb{C})$, 有

$$\sum_{j=1}^{q} \delta_{g_1}^{H}(\alpha_j) \leqslant 3.$$

设 f 是从圆盘 $\Delta_R := \{z \in \mathbb{C}; |z| < R\}$ 到 $\mathbb{P}^1(\mathbb{C})$ 的非常值全纯映射, $0 < R <$ ∞. 取一个约化表示 $f = (f_0 : f_1)$, 定义

$$\|f\| := (|f_0|^2 + |f_1|^2)^{1/2}, \quad W(f_0, f_1) := f_0 f_1' - f_1 f_0'.$$

对于任意给定的 q 个不同的点 $\alpha_j = (a_j^0 : a_j^1)(1 \leqslant j \leqslant q)$, 令

$$F_j := a_j^1 f_0 - a_j^0 f_1, \quad 1 \leqslant j \leqslant q,$$

这里 $|a_j^0|^2 + |a_j^1|^2 = 1$.

命题 1.2(参考文献 [17])　　对于任意的 $\varepsilon > 0$, 存在分别依赖于 $\alpha_1, \cdots, \alpha_q$ 和 ε 的正常数 C, μ 使得

$$\Delta \log \left(\frac{\|f\|^\varepsilon}{\prod\limits_{j=1}^{q} \log(\mu\|f\|^2/|F_j|^2)} \right) \geqslant C \frac{\|f\|^{2q-4}|W(f_0, f_1)|^2}{\prod\limits_{j=1}^{q} |F_j|^2 \log^2(\mu\|f\|^2/|F_j|^2)}.$$

上述命题是文献 [20] 中的特例, 为了方便阅读, 我们将展示其证明的细节.

引理 1.8(参考文献 [17])　　对于每个 $\varepsilon > 0$, 存在常数 $\mu_0(\varepsilon) \geqslant 1$ 使得对于任意的 $\mu \geqslant \mu_0(\varepsilon)$, 有

$$\Delta \log \frac{1}{\log(\mu\|f\|^2/|F_j|^2)} \geqslant \frac{4|W(f_0, f_1)|^2}{\|f\|^2|F_j|^2 \log^2(\mu\|f\|^2/|F_j|^2)} - \varepsilon \Delta \log \|f\|^2.$$

证明　　令 $\varphi_j := |F_j|^2/\|f\|^2$.

$$\left| \frac{\partial \varphi_j}{\partial z} \right| = \frac{1}{\|f\|^8} |F_j' \overline{F_j}\|f\|^2 - |F_j|^2 (f_0' \overline{f_0} + f_1' \overline{f_1})|^2$$

$$= \frac{|F_j|^2}{\|f\|^8} |W(f_0, f_1)|^2 |a_j^0 \overline{f_0} + a_j^1 \overline{f_1}|^2$$

$$= \frac{|F_j|^2}{\|f\|^8} |W(f_0, f_1)|^2 \left[(|a_j^0|^2 + |a_j^1|)(|f_0|^2 + |f_1|^2) - |a_j^1 f_0 - a_j^0 f_1|^2 \right]$$

$$= (\varphi_j - \varphi_j^2) \frac{|W(f_0, f_1)|^2}{\|f\|^4}.$$

另外,

$$\frac{\partial^2 \log \|f\|^2}{\partial z \partial \bar{z}} = \frac{(|f_0'|^2 + |f_1'|^2)(|f_0|^2 + |f_1|^2) - |f_0 \bar{f}_0' + f_1 \bar{f}_1'|^2}{\|f\|^4}$$

$$= \frac{|W(f_0, f_1)|^2}{\|f\|^4}.$$

因此,

$$\Delta \log \frac{1}{\log(\mu/\varphi_j)} = \frac{4}{\log(\mu/\varphi_i)} \frac{\partial^2 \log \varphi_j}{\partial z \partial \bar{z}} + \frac{4}{\varphi_j^2 \log^2(\mu/\varphi_j)} \left| \frac{\partial \varphi_j}{\partial z} \right|^2$$

$$= -\frac{4}{\log(\mu/\varphi_j)} \frac{\partial^2 \log \|f\|^2}{\partial z \partial \bar{z}} + \frac{4(\varphi_j - \varphi_j^2)}{\varphi_j^2 \log^2(\mu/\varphi_j)} \frac{\partial^2 \log \|f\|^2}{\partial z \partial \bar{z}}$$

$$= \frac{4}{\varphi_j \log^2(\mu/\varphi_j)} \frac{|W(f_0, f_1)|^2}{\|f\|^4} -$$

$$4 \left(\frac{1}{\log^2(\mu/\varphi_j)} + \frac{1}{\log(\mu/\varphi_j)} \right) \frac{\partial^2 \log \|f\|^2}{\partial z \partial \bar{z}}.$$

如果选择一个正常数 $\mu_0(\varepsilon)$ 满足

$$\frac{1}{\log^2 \mu_0(\varepsilon)} + \frac{1}{\log \mu_0(\varepsilon)} < \varepsilon,$$

则由 $|\varphi_j| \leqslant 1$ 可直接得到结论. $\qquad \square$

命题 1.2 的证明 对于给定的 $\varepsilon > 0$, 选取常数 μ 满足 $\mu \geqslant \mu_0(\varepsilon/(2q))$. 根据引理 1.8, 有

$$\Delta \log \frac{\|f\|^\varepsilon}{\prod\limits_{j=1}^q \log(\mu \|f\|^2/|F_j|^2)}$$

$$\geqslant \frac{\varepsilon}{2} \cdot \Delta \log \|f\|^2 + \sum_{j=1}^q \left(\frac{4|W(f_0, f_1)|^2}{\|f\|^2 |F_j|^2 \log^2(\mu \|f\|^2/|F_j|^2)} - \frac{\varepsilon}{2q} \Delta \log \|f\|^2 \right)$$

$$= \frac{4|W(f_0, f_1)|^2}{\|f\|^4} \sum_{j=1}^q \frac{\|f\|^2}{|F_j|^2 \log^2(\mu \|f\|^2/|F_j|^2)}.$$

接下来给出上式最后一项的估计. 对于每一对满足 $1 \leqslant i < j \leqslant q$ 的 (i,j), 存在仅依赖 α_i 和 α_j 的常数 C_{ij} 使得

$$\|f\| \leqslant C_{ij} \max(|F_i|, |F_j|),$$

注意, f_0 和 f_1 可以被表示为 F_i 和 F_j 的线性组合. 设 $C_0 := \max\limits_{1 \leqslant i < j \leqslant q} C_{ij}$ 以及

$$M := \max\left\{ x/\log^2 \mu x;\ 1 < x \leqslant C_0^2 \right\}.$$

对任意固定的 $z \in \Delta_R$, 可选取 $j_1, \cdots, j_q$ 使得 $\{j_1, \cdots, j_q\} = \{1, 2, \cdots, q\}$, 同时

$$|F_{j_1}(z)| \leqslant |F_{j_2}(z)| \leqslant \cdots \leqslant |F_{j_q}(z)|.$$

对于所有的 $l = 2, 3, \cdots, q$, 有 $\|f(z)\| \leqslant C_0|F_{j_l}(z)|$. 因此,

$$\frac{\|f(z)^2\|}{|F_{j_l}|^2 \log^2(\mu\|f(z)\|^2/|F_{j_l}|^2)} \leqslant M.$$

于是, 对于每个固定的点 z,

$$\sum_{j=1}^{q} \frac{\|f\|^2}{|F_j|^2 \log^2(\mu\|f\|^2/|F_j|^2)}$$

$$\geqslant \frac{\|f\|^2}{|F_{j_1}|^2 \log^2(\mu\|f\|^2/|F_{j_1}|^2)}$$

$$\geqslant \frac{1}{M^{q-1}} \left(\prod_{l=2}^{q} \frac{\|f\|^2}{|F_{j_l}|^2 \log^2(\mu\|f\|^2/|F_{j_l}|^2)} \right) \frac{\|f\|^2}{|F_{j_1}|^2 \log^2(\mu\|f\|^2/|F_{j_1}|^2)}$$

$$= \frac{\|f\|^{2q}}{M^{q-1} \prod\limits_{j=1}^{q} |F_j|^2 \log^2(\mu\|f\|^2/|F_j|^2)}.$$

注意, 上式的最后一项并不依赖于指标 $j_1, \cdots, j_q$ 的选取, 因此, 上式在整个 Δ_R 上都是成立的. 结合之前的分析, 可直接得到命题 1.2 的结论. □

考虑 Δ_R 上在 $[-\infty, \infty)$ 中取值的连续、次调和函数 $u_j(\not\equiv -\infty)$ 以及一些非负常数 $\eta_j(1 \leqslant j \leqslant q)$ 满足下列条件:

(C1) $\gamma := q - 2 - (\eta_1 + \cdots + \eta_q) > 0$;

(C2) $\mathrm{e}^{u_j} \leqslant \|f\|^{\eta_j}$, $j = 1, 2, \cdots, q$;

(C3) 对于每个 $\varsigma \in f^{-1}(\alpha_j)(1 \leqslant j \leqslant q)$, 极限

$$\lim_{z \to \varsigma}(u_j(z) - \log|z - \varsigma|) \in [-\infty, \infty)$$

存在.

引理 1.9(参考文献 [17])　对于正常数 C 和 $\mu(>1)$，在 $\Delta_R \setminus \{F_1 \cdots F_q = 0\}$ 上定义

$$\nu := C \frac{\|f\|^\gamma \mathrm{e}^{u_1 + \cdots + u_q} |W(f_0, f_1)|}{\prod\limits_{j=1}^{q} |F_j| \log(\mu \|f\|^2 / |F_j|^2)}.$$

在 $\Delta_R \cap \{F_1 \cdots F_q = 0\}$ 上，$\nu = 0$，那么 ν 是 Δ_R 上的连续函数，同时可选取一些仅依赖于 α_j 和 $\eta_j (1 \leqslant j \leqslant q)$ 的常数 C，μ 使得 $\Delta \log \nu \geqslant \nu^2$.

证明　显然，函数 ν 在 $\{F_1 \cdots F_q \neq 0\}$ 上是连续的. 选取一点 ς 满足 $F_i(\varsigma) = 0, i \in \{1, 2, \cdots, q\}$，那么对于任何 $j \neq i$，有 $F_j(\varsigma) \neq 0$. 不妨假设 $f_0(\varsigma) \neq 0$. 令 $\chi_i := W(f_0, f_1)/F_i$，可得 $\chi_i = -(f_0/a_i^0)(g'/(g - \alpha_i))$，这里 $g := f_1/f_0$. 容易看出 ς 是 χ_i 的 1 阶极点. 因此，函数

$$\frac{\mathrm{e}^{\mu_i} |W(f_0, f_1)|}{|F_i|} = (|z - \varsigma||\chi_i|) \mathrm{e}^{u_i - \log|z - \varsigma|}$$

在点 ς 的邻域内是有界的，这意味着 $\lim\limits_{z \to \varsigma} \nu(z) = 0$. 于是，函数 ν 在 Δ_R 上是连续的. 令 $\varepsilon = \gamma$，选取常数 C 和 μ 使得 C^2 和 μ 满足命题 1.2 中的不等式，可得

$$\Delta \log \nu \geqslant \Delta \log \frac{\|f\|^\gamma}{\prod\limits_{j=1}^{q} \log(\mu \|f\|^2 / |F_j|^2)}$$

$$\geqslant C^2 \frac{\|f\|^{2q-4} |W(f_0, f_1)|^2}{\prod\limits_{j=1}^{q} |F_j|^2 \log^2(\mu \|f\|^2 / |F_j|^2)}$$

$$\geqslant C^2 \frac{\|f\|^{2\gamma} \mathrm{e}^{2(u_1 + \cdots + u_q)} |W(f_0, f_1)|^2}{\prod\limits_{j=1}^{q} |F_j|^2 \log^2(\mu \|f\|^2 / |F_j|^2)}$$

$$= \nu^2. \hspace{3cm} \square$$

以下是一个推广型的 Schwarz 引理.

引理 1.10(参考文献 [21])　设 ν 是 Δ_R 上的一个非负的实值连续、次调和函数. 如果 ν 满足不等式 $\Delta \log \nu \geqslant \nu^2$，那么

$$\nu(z) \leqslant \lambda_R(z) := \frac{2R}{R^2 - |z|^2}.$$

证明 因为 $\lambda_r(z)$ 关于变量 r 是连续的, 所以只需验证对每个 $r < R$, 在 Δ_r 上有

$$\eta_r(z) := \nu(z)/\lambda_r(z) \leqslant 1.$$

因为 $\lim\limits_{z \to \partial \Delta_r} \eta_r(z) = 0$, 所以存在点 $z_0 \in \Delta_r$ 使得 $\eta_r(z_0) = \max \left\{ \eta_r(z); z \in \overline{\Delta_r} \right\}$. 假设 $\eta_r(z_0) > 1$, 在 z_0 的某个邻域 U 上有 $\eta_r(z) > 1$ 以及 $\nu(z) > \lambda_r(z)$. 根据假设条件, 在 U 上有

$$\Delta \log \eta_r = \Delta \log \upsilon - \Delta \log \lambda_r \geqslant \nu^2 - \lambda_r^2 > 0. \tag{1.2.3}$$

因此, $\log \eta_r$ 是次调和的. 由最大模原理知道, $\log \eta_r$ 在 U 上是常数, 这与式 (1.2.3) 矛盾. 因此, $\eta_r(z_0) \leqslant 1$, 进一步得到 $\eta_r(z) \leqslant 1$ 在 Δ_r 上成立, 引理得证. $\qquad\square$

利用推广型的 Schwarz 引理, 可直接得到关于引理 1.9 的结论.

引理 1.11 (参考文献 [17]) 对于引理 1.9 中的 u_j, η_j 以及 γ, 可选择正常数 C^* 以及 μ 使得

$$\frac{||f||^{\gamma} \mathrm{e}^{u_1 + \cdots + u_q} |W(f_0, f_1)|}{\prod\limits_{j=1}^{q} |F_j| \log(\mu ||f||^2 / |F_j|^2)} \leqslant C^* \frac{2R}{R^2 - |z|^2}.$$

接下来可通过一些简单的估计, 得到下述引理.

引理 1.12 (参考文献 [17]) 假设 $u_1, \cdots, u_q$ 是 M 上连续的次调和函数, $\eta_1, \cdots, \eta_q$ 是一些满足 (C1)~(C3) 的非负常数, 那么对于每个满足 $0 < q\delta < \gamma$ 的 δ, 存在常数 C_0 使得

$$\frac{||f||^{\gamma - q\delta} \mathrm{e}^{u_1 + \cdots + u_q} |W(f_0, f_1)|}{|F_1 F_2 \cdots F_q|^{1-\delta}} \leqslant C_0 \frac{2R}{R^2 - |z|^2}. \tag{1.2.4}$$

证明 对于任意给定的 δ, 令

$$\tilde{C} := \sup_{0 < x \leqslant 1} x^{\delta} \log(\mu / x^2) (< +\infty),$$

那么有

$$\frac{\|f\|^{\gamma-q\delta}\mathrm{e}^{u_1+\cdots+u_q}|W(f_0,f_1)|}{|F_1F_2\cdots F_q|^{1-\delta}}$$

$$= \frac{\|f\|^{\gamma}\mathrm{e}^{u_1+\cdots+u_q}|W(f_0,f_1)|}{|F_1F_2\cdots F_q|}\prod_{j=1}^{q}\left(\frac{|F_j|}{\|f\|}\right)^{\delta}$$

$$\leqslant \tilde{C}^q\frac{\|f\|^{\gamma}\mathrm{e}^{u_1+\cdots+u_q}|W(f_0,f_1)|}{\prod\limits_{j=1}^{q}|F_j|\log(\mu\|f\|^2/|F_j|)^2}$$

$$\leqslant C^*\tilde{C}^q\left(\frac{2R}{R^2-|z|^2}\right),$$

这里的 C^*, μ 是引理 1.11 中的常数, 这样就完成了引理 1.12 的证明. $\qquad\square$

定理 1.7 的证明 设 $X=(x_1,x_2,x_3):M\rightarrow\mathbb{R}^3$ 是一个非平坦的极小曲面, $g:M\rightarrow\mathbb{P}^1(\mathbb{C})$ 是曲面上的 Gauss 映射. 不妨假设 M 是单连通的, 事实上, 在万有覆盖映射 $\pi:\tilde{M}\rightarrow M$ 的作用下, $\tilde{X}:=X\circ\pi:\tilde{M}\rightarrow\mathbb{R}^3$ 也是一个非平坦的极小曲面, 并且如果 M 是完备的, 那么 $\tilde{M}$ 也是完备的. 再者, $\tilde{g}:=g\circ\pi$ 是曲面 $\tilde{M}$ 上的 Gauss 映射, g 的新型亏量不会大于 $\tilde{g}$ 相对应的亏量. 因为在 $\mathbb{R}^3$ 中不存在紧的极小曲面, 所以 M 双全纯于 $\mathbb{C}$ 或者单位圆盘. 对于 $M=\mathbb{C}$ 的情形, 定理 1.7 可由定理 1.6 以及式 (1.2.1) 直接得到. 接下来考虑曲面 M 双全纯于单位圆盘的情形.

令 $\phi_i:=\partial x_i/\partial z(i=1,2,3)$, $f:=\phi_1-\sqrt{-1}\phi_2$, 那么 Gauss 映射 $g:M\rightarrow\mathbb{P}^1(\mathbb{C})$ 可以表示为

$$g=\phi_3/(\phi_1-\sqrt{-1}\phi_2).$$

曲面 M 上的从 $\mathbb{R}^3$ 中诱导的度量可以表示为

$$\mathrm{d}s^2=|f|^2(1+|g|^2)^2|\mathrm{d}z|^2. \tag{1.2.5}$$

取约化表示 $g=(g_0:g_1)$, 令 $\|g\|=(|g_0|^2+|g_1|^2)^{1/2}$, 那么 $\mathrm{d}s^2$ 可重新表示为

$$\mathrm{d}s^2=|h|^2\|g\|^4|\mathrm{d}z|^2,$$

这里 $h:=f/g_0^2$. 对于给定的 q 个不同的点 $\alpha_1,\cdots,\alpha_q\in\mathbb{P}^1(\mathbb{C})$, 假设

$$\sum_{j=1}^{q}\delta_g^H(\alpha_j)>4. \tag{1.2.6}$$

根据相关的定义, 存在常数 $\eta_j \geqslant 0(1 \leqslant j \leqslant q)$ 使得 $\gamma := q - 2 - (\eta_1 + \cdots + \eta_q) > 2$ 以及存在连续函数 $u_j(1 \leqslant j \leqslant q)$, 使得其在 $M \setminus f^{-1}(\alpha_j)$ 上调和并满足条件 (C2), (C3). 选取 δ 使得

$$(\gamma - 2)/q > \delta > (\gamma - 2)/(q + 2),$$

再令 $p = 2/(\gamma - q\delta)$, 那么

$$0 < p < 1, \quad \delta p/(1 - p) > 1. \tag{1.2.7}$$

设 $M' := M \setminus \{F_1 F_2 \cdots F_q W(g_0, g_1) = 0\}$, 约化表示 $\alpha_j = (a_j^0 : a_j^1)$ 满足 $|a_j^0|^2 + |a_j^1|^2 = 1(1 \leqslant j \leqslant q)$. 在 M' 上定义函数

$$\nu := |h|^{1/(1-p)} \left(\frac{|F_1 F_2 \cdots F_q|^{1-\delta}}{\mathrm{e}^{u_1 + \cdots + u_q} |W(g_0, g_1)|} \right)^{p/(1-p)},$$

这里 $F_j := a_j^1 g_0 - a_j^0 g_1$. 令 $\pi : \tilde{M}' \to M'$ 是曲面 M' 上的万有覆盖映射. 根据假设, 函数 $\log \nu \circ \pi$ 在 $\tilde{M}'$ 上调和. 取 $\log \nu \circ \pi$ 的共轭调和函数 ν^*, 则全纯函数 $\psi := \mathrm{e}^{\log \nu \circ \pi + \mathrm{i}\nu^*}$ 满足 $|\psi| = \nu \circ \pi$. 选取 $o \in M'$ 作为 $\mathbb{C}$ 中的原点. $\tilde{M}'$ 上的每一点 $\tilde{z}$ 都双射于 $\gamma_{\tilde{z}} = \pi(\tilde{z})$ 的一类同伦连续曲线 $\gamma_{\tilde{z}} : [0,1] \to M'$ 并且满足 $\gamma_{\tilde{z}}(0) = o$. 用 $\tilde{o}$ 表示该点对应的常曲线 o. 令

$$\omega = F(\tilde{z}) = \int_{\gamma_{\tilde{z}}} \psi(z) \mathrm{d}z,$$

那么 F 是 $\tilde{M}'$ 上满足 $F(\tilde{o}) = 0$ 的单值全纯函数, 对于每个 $\tilde{z} \in \tilde{M}'$, 有 $\mathrm{d}F(\tilde{z}) \neq 0$. 因此, F 将 $\tilde{o}$ 的一个开邻域双全纯映射到 $\mathbb{C}$ 中的开圆盘 $\Delta_R := \{\omega : |\omega| < R\}, 0 < R \leqslant +\infty$. 选择满足上述性质最大的 R, 定义 $\Phi := \pi \circ (F|U)^{-1}$. 由 Liouville 定理知道 $R < +\infty$.

对于每个 $a \in \partial \Delta_R$, 考虑 Δ_R 中的线段

$$L_a := \omega = ta, \quad 0 \leqslant t < 1$$

以及 L_a 在 Φ 映射下的像集

$$\Gamma_a : z = \Phi(ta), \quad 0 \leqslant t < 1.$$

我们断言, 存在一点 $a_0 \in \partial\Delta_R$ 使得 Γ_{a_0} 趋于曲面 M 的边界. 如果上述结论不成立, 那么对于每个 $a \in \partial\Delta_R$, 存在一列 $\{t_s; s = 1, 2, \cdots\}$ 使得 $\lim\limits_{s\to\infty} t_s = 1$, 同时 $\Phi(t_s a)$ 将趋于 M 中的点 z_0. 如果 $z_0 \notin M'$, 那么 z_0 一定是 $F_1, \cdots, F_q$ 以及 $W(g_0, g_1)$ 中某个全纯函数的零点. 类似于引理 1.9 中的讨论, 对于满足 $F_i(z_0) = 0$ 的点 z_0, 有

$$\liminf_{z \to z_0} |(F_1 F_2 \cdots F_q)(z)|^{\delta p/(1-p)} \nu(z) > 0.$$

对于那些满足 $W(g_0, g_1)(z_0) = 0$ 的点, 有

$$\liminf_{z \to z_0} |W(g_0, g_1)(z)|^{p/(1-p)} \nu(z) > 0.$$

无论哪种情形, 都可以找到正常数 C 使得在 z_0 的某邻域中有 $\nu \geqslant C/|z{-}z_0|^{\delta p/(1-p)}$. 利用式 (1.2.7), 有

$$\begin{aligned}
R = \int_{L_a} |\mathrm{d}\omega| &= \int_{\Gamma_a} \left|\frac{\mathrm{d}\omega}{\mathrm{d}z}\right| |\mathrm{d}z| = \int_{\Gamma_a} \nu(z)|\mathrm{d}z| \\
&\geqslant C \int_{\Gamma_a} \frac{1}{|z - z_0|^{\delta p/(1-p)}} |\mathrm{d}z| = \infty.
\end{aligned}$$

这是一个矛盾. 因此, $z_0 \in M'$.

选取 z_0 的一个单连通邻域 V, 它是 M' 中的一个相对紧集. 因为 ν 是一个正的连续函数, 所以有 $C' := \min\limits_{z \in \bar{V}} \nu(z) > 0$. 如果存在序列 $\{t'_s; s = 1, 2, \cdots\}$ 使得 $\lim\limits_{s\to\infty} t'_s = 1$ 以及 $\Phi(t'_s a) \notin V$, 那么像集 Γ_a 无穷多次落在 ∂V 到 z_0 点处充分小的邻域内, 从而得到一个矛盾:

$$R = \int_{L_a} |\mathrm{d}\omega| \geqslant C' \int_{\Gamma_a} |\mathrm{d}z| = \infty.$$

这说明存在 t_0 使得 $\Phi(ta) \in V(t_0 < t < 1)$. 由之前的分析知道, V 可以被 z_0 点处任意小的邻域替代, 所以 $\lim\limits_{t\to 1} \Phi(ta) = z_0$. 设 $\tilde{V}$ 是 $\pi^{-1}(V)$ 的一个连通分支, 它包含 $\{(F|U)^{-1}(ta); t_0 < t < 1\}$. 因为 $\pi|\tilde{V} : \tilde{V} \to V$ 是同态映射, 所以极限

$$\tilde{z}_0 := \lim_{t\to 1} (F|U)^{-1}(ta) \in \tilde{M}'$$

存在, 从而 F 将点 $\tilde{z}_0$ 的开邻域双全纯映射到 a 的邻域. 最后, $(F|U)^{-1}$ 可以被全纯延拓到点 $a \in \partial\Delta_R$ 的邻域. 因为 $\partial\Delta_R$ 是紧的, 所以可以找到大于 R 的 R'

使得 F 将 $\overline{U}$ 的开邻域双全纯映射到 $\Delta_{R'}$. 这与 R 的最大性相矛盾. 故而存在点 $a_0 \in \partial \Delta_R$ 使得 Γ_{a_0} 趋于曲面 M 的边界.

映射 $z = \Phi(\omega)$ 是局部全纯的, M' 上的度量可以通过 M 上的度量 $\mathrm{d}s^2$ 在 Φ 映射下诱导出来, 从而有

$$\Phi^* \mathrm{d}s^2 = |h \circ \Phi|^2 \|g \circ \Phi\|^4 \left| \frac{\mathrm{d}z}{\mathrm{d}\omega} \right|^2 |\mathrm{d}\omega|^2.$$

另外, 根据 $\omega = F(z)$ 的定义, 由式 (1.2.5) 得

$$\left| \frac{\mathrm{d}\omega}{\mathrm{d}z} \right|^{1-p} = \frac{|h| |F_1 F_2 \cdots F_q|^{(1-\delta)p}}{(\mathrm{e}^{u_1 + \cdots + u_q} |W(g_0, g_1)|)^p}.$$

设 $f := g \circ \Phi, f_0 = g_0 \circ \Phi, f_1 = g_1 \circ \Phi$, 同时分别用 u_j 和 F_j 来简要表示 $u_j \circ \Phi$ 和 $F_j \circ \Phi$. 因为

$$W(f_0, f_1) = (W(g_0, g_1) \circ \Phi) \frac{\mathrm{d}z}{\mathrm{d}\omega},$$

所以

$$\left| \frac{\mathrm{d}z}{\mathrm{d}\omega} \right| = \frac{(\mathrm{e}^{u_1 + \cdots + u_q} |W(f_0, f_1)|)^p}{|h| |F_1 F_2 \cdots F_q|^{(1-\delta)p}}.$$

因此,

$$\Phi^* \mathrm{d}s^2 = \left(\frac{\|f\|^2 (\mathrm{e}^{u_1 + \cdots + u_q} |W(f_0, f_1)|)^p}{|F_1 F_2 \cdots F_q|^{(1-\delta)p}} \right)^2 |\mathrm{d}\omega|^2. \tag{1.2.8}$$

对映射 $f : \Delta_R \to \mathbb{P}^1(\mathbb{C})$ 应用引理 1.12, 有

$$\Phi^* \mathrm{d}s^2 \leqslant C_0^{2p} \left(\frac{2R}{R^2 - |\omega|^2} \right)^{2p} |\mathrm{d}\omega|^2.$$

这就使得

$$d(0) \leqslant \int_{\Gamma_{a_0}} \mathrm{d}s = \int_{L_{a_0}} \Phi^* \mathrm{d}s \tag{1.2.9}$$

$$\leqslant C_0^p \int_0^R \left(\frac{2R}{R^2 - |\omega|^2} \right)^p |\mathrm{d}\omega| = C_1 R^{1-p},$$

这里 C_0, C_1 是一些仅依赖于 $\alpha_j, \delta_g^H(\alpha_j) (\leqslant \delta_f^H(\alpha_j))$ 的正常数.

在定理 1.7 中, 由曲面 M 的完备性知道 $d(0) = \infty$, 这与事实 $R < \infty$ 相矛盾. 也就是说, 对于 $\mathbb{R}^3$ 中的非平坦的极小曲面, 式 (1.2.6) 是不成立的. 定理 1.7 得证. $\qquad\square$

定理 1.8 的证明 设 $X = (x_1, x_2, x_3, x_4): M \to \mathbb{R}^4$ 是 $\mathbb{R}^4$ 中非平坦的、完备的极小曲面, $g = (g_1, g_2): M \to \mathbb{P}^1(\mathbb{C}) \times \mathbb{P}^1(\mathbb{C})$ 是曲面上的 Gauss 映射. 对于定理 1.8 的证明, 我们可假设曲面 M 双全纯于单位圆盘. 对于每个 $g_k: M \to \mathbb{P}^1(\mathbb{C})(k = 1, 2)$, 取约化表示 $g_k = (g_{k0}: g_{k1})$, $\|g_k\| = (|g_{k0}|^2 + |g_{k1}|^2)^{1/2}$. 曲面 M 上的诱导度量可以写成

$$ds^2 = 2 \left(\sum_{l=1}^{4} \left| \frac{\partial x_l}{\partial z} \right|^2 \right) |dz|^2 = |h|^2 \|g_1\|^2 \|g_2\|^2 |dz|^2,$$

这里 $h = (\partial x_1/\partial z - \sqrt{-1}\partial x_2/\partial z)/(g_{10}g_{21})$.

考虑第一种情形: 函数 g_1, g_2 均非常值. 假设对不同的点 $\alpha_{11}, \cdots, \alpha_{1q_1} \in \mathbb{P}^1(\mathbb{C})$, $\alpha_{21}, \cdots, \alpha_{2q_2} \in \mathbb{P}^1(\mathbb{C})$ 有

$$\sum_{i=1}^{q_1} \delta_{g_1}^H(\alpha_{1i}) > 2, \quad \sum_{j=1}^{q_2} \delta_{g_2}^H(\alpha_{2j}) > 2,$$

$$\frac{1}{\sum_{i=1}^{q_1} \delta_{g_1}^H(\alpha_{1i}) - 2} + \frac{1}{\sum_{j=1}^{q_2} \delta_{g_2}^H(\alpha_{2j}) - 2} < 1.$$

根据定义 1.6, 存在非负常数 $\eta_{k1}, \cdots, \eta_{kq_k}$ 和 M 上的连续函数 $u_{k1}, \cdots, u_{kq_k}, k \in \{1, 2\}$ 使得 u_{ki} 在 $M \setminus f^{-1}(\alpha_{ki})$ 上调和并且满足条件

$$\gamma_k := q_k - 2 - (\eta_{k1} + \cdots + \eta_{kq_k}) > 0, \quad k = 1, 2, \qquad (1.2.10)$$

$$\frac{1}{\gamma_1} + \frac{1}{\gamma_2} < 1, \qquad (1.2.11)$$

$$e^{u_{ki}} \leqslant \|g_k\|^{\eta_{ki}}, \quad 1 \leqslant i \leqslant q_k, k = 1, 2, \qquad (1.2.12)$$

以及对于每个 $\varsigma \in g_k^{-1}(\alpha_{ki})$, 极限

$$\lim_{z \to \varsigma}(u_{ki}(z) - \log|z - \varsigma|) \in [-\infty, \infty) \qquad (1.2.13)$$

存在.

选取常数 δ_0 使得 $0 < q_k\delta_0 < \gamma_k$ 以及

$$\frac{1}{\gamma_1 - q_1\delta_0} + \frac{1}{\gamma_2 - q_2\delta_0} = 1.$$

如果我们选择充分接近 δ_0 的正常数 $\delta(<\delta_0)$，令

$$p_k := \frac{1}{\gamma_k - q_k\delta} \ (k=1,2),$$

那么有

$$0 < p_1 + p_2 < 1, \quad \frac{\delta p_k}{1 - p_1 - p_2} > 1 \ (k=1,2). \tag{1.2.14}$$

对于每个 $k=1,2$, $\alpha_{ki} = (a_{ki}^0 : a_{ki}^1)$, 定义全纯函数 $F_{ki} := a_{ki}^1 g_{k0} - a_{ki}^0 g_{k1}$, 这里 $|a_{ki}^0|^2 + |a_{ki}^1|^2 = 1$. 令

$$v_k := u_{k1} + \cdots + u_{kq_k},$$

$$\tilde{F}_k := F_{k1}F_{k2}\cdots F_{kq_k}.$$

定义

$$\nu := \left(\frac{|h||\tilde{F}_1|^{(1-\delta)p_1}|\tilde{F}_2|^{(1-\delta)p_2}}{(\mathrm{e}^{v_1}|W(g_{10},g_{11})|)^{p_1}(\mathrm{e}^{v_2}|W(g_{20},g_{21})|)^{p_2}} \right)^{1/(1-p_1-p_2)}.$$

函数 $\log\nu$ 在

$$M' = M \setminus \left\{ W(g_{10},g_{11})W(g_{20},g_{21})\tilde{F}_1\tilde{F}_2 = 0 \right\}$$

上是调和的. 令 $\pi : \tilde{M}' \to M'$ 是曲面 M' 的万有覆盖, 利用定理 1.7 中的方法, 我们可以找到 M' 上的全纯函数 ψ 使得 $|\psi| = \nu \circ \pi$. 像定理 1.7 中那样, 定义

$$\omega = F(\tilde{p}) = \int_{\gamma_{\tilde{p}}} \psi(z)\mathrm{d}z \ (\tilde{p} \in \tilde{M}'),$$

那么 F 将 $\tilde{o}$ 的一个开邻域 U 双全纯映射到圆盘 Δ_R, 这里可以选择满足这个性质的最大半径 R. 令 $\Phi := \pi \cdot (F|U)^{-1}$, 可以得到 $R < \infty$, 同时可找到一点 $a_0 \in \partial\Delta_R$ 使得曲线 $L_{a_0} = \{ta_0; 0 \leqslant t < 1\}$ 在映射 Φ 下的像集

$$\Gamma_{a_0} : z = \Phi(ta_0), \quad 0 \leqslant t < 1$$

趋于曲面 M 的边界. 事实上, 用式 (1.2.14) 替换式 (1.2.7), 再采用类似于定理 1.7 中的分析方法, 可得到相应的结果.

令 $f_{kl} := g_{kl} \cdot \Phi$ 以及 $f_k = (f_{k0} : f_{k1})$, $k = 1, 2$, $l = 0, 1$. 对映射 f_k 应用引理 1.12 得

$$\frac{||f_k||^{\gamma_k - q_k \delta} \mathrm{e}^{v_k |W(f_{k0}, f_{k1})|}}{|\tilde{F}_k|^{1-\delta}} \leqslant C_0 \frac{2R}{R^2 - |\omega|^2} \ (k = 1, 2),$$

这里 C_0 是一个正常数. 另外, 通过映射 Φ 诱导出来的 Δ_R 上的度量可以写成

$$\Phi^* \mathrm{d}s^2 = \left(||f_1|| ||f_2|| \left(\frac{|W(f_{10}, f_{11})| \mathrm{e}^{v_1}}{|\tilde{F}_1|^{1-\delta}} \right)^{p_1} \left(\frac{|W(f_{20}, f_{21})| \mathrm{e}^{v_2}}{|\tilde{F}_2|^{1-\delta}} \right)^{p_2} \right)^2 |\mathrm{d}\omega|^2.$$

利用式 (1.2.14), 有

$$d(0) \leqslant \int_{\Gamma_{a_0}} \Phi^* \mathrm{d}s \leqslant C_0^{p_1 + p_2} \int_{L_{a_0}} \left(\frac{2R}{R^2 - |\omega|^2} \right)^{p_1 + p_2} |\mathrm{d}\omega| < \infty.$$

这与曲面 M 的完备性相矛盾. 这样就证明了定理 1.8 中的结论 (i).

考虑第二种情形: 函数 g_1 非常值, 函数 g_2 常值. 假设对于不同的点 $\alpha_1, \cdots, \alpha_q \in \mathbb{P}^1(\mathbb{C})$, $\sum\limits_{i=1}^{q} \delta_{g_1}^H(\alpha_i) > 3$. 选取非负常数 $\eta_1, \cdots, \eta_q$ 使得

$$\gamma := q - 2 - (\eta_1 + \cdots + \eta_q) > 1,$$

选取连续函数 $u_1, \cdots, u_q$ 使得每个 u_i 在 $M \setminus f^{-1}(\alpha_i)$ 上调和且满足条件 (C2)、(C3). 选取满足 $0 < q\delta < \gamma$ 的 δ 使得 $p = 1/(\gamma - q\delta)$ 满足式 (1.2.7). 在这种情形下, 定义函数

$$\nu = \frac{|h|^{1/(1-p)} |F_1 F_2 \cdots F_q|^{p(1-\delta)/(1-p)}}{\mathrm{e}^{u_1 + \cdots + u_q} |W(g_{10}, g_{11})|^{p/(1-p)}}.$$

正如之前所讨论的那样, 可构造一条具有有限长度的、趋于曲面 M 的边界的连续曲线. 这与 M 的完备性相矛盾. 这样就证明了定理 1.8 中的结论 (ii). $\square$

1.3 涉及分担值情形下的唯一性理论

考虑一个浸入在 $\mathbb{R}^3$ 中的连通的、可定向的极小曲面 $X = (x_1, x_2, x_3) : M \to \mathbb{R}^3$, $G : M \to \Sigma$ 为曲面 M 上的 Gauss 映射. 在局部等温坐标 (u, v) 下, 令 $z = u + \sqrt{-1}v$, M 可被看作一个带有共形度量的开 Riemann 曲面. 在球极投影

映射 $\pi: \Sigma \to \overline{\mathbb{C}}$ 下, 函数 $g := \pi \circ G : M \to \overline{\mathbb{C}}$ 可被看作 M 上的亚纯函数. 对于 $\mathbb{R}^3$ 中完备的极小曲面来说, 函数 g 和复平面上的亚纯函数存在很多类似的值分布性质. 例如, R. Nevanlinna 的 "五值定理"[22].

定理 1.9(参考文献 [22])　$g, \tilde{g}$ 是复平面 $\mathbb{C}$ 上的两个非常值的亚纯函数, 如果在不计重数的情况下, g 与 $\tilde{g}$ 分担 5 个扩充复平面中不同的点 (拥有相同的原像集), 那么 $g = \tilde{g}$.

设 M 和 $\tilde{M}$ 是 $\mathbb{R}^3$ 中两个非平坦的极小曲面, 存在一个共形同胚映射 $\Phi: M \to \tilde{M}$. 令 G 和 $\tilde{G}$ 分别是曲面 M 和曲面 $\tilde{M}$ 上的 Gauss 映射. 考虑函数 $g := \pi \circ G$ 以及 $\tilde{g} := \pi \circ \tilde{G}$, 如果存在 q 个不同的点 $\alpha_1, \alpha_2, \cdots, \alpha_q$ 使得 $g^{-1}(\alpha_j) = \tilde{g}^{-1}(\alpha_j)$, 那么有以下结果.

定理 1.10(参考文献 [23])　如果 $q \geqslant 7$, 曲面 M 和曲面 $\tilde{M}$ 中至少有一个是完备的, 那么 $g = \tilde{g}$.

在定理 1.10 的条件中, 数字 7 是最精确的. 事实上, 我们可构造两个相互等距的、拥有不同 Gauss 映射的完备极小曲面, 存在 6 个不同的点使得两个曲面的 Gauss 映射在这些点处有相同的原像集. 此处给出完整的例子: 选取常数 $\alpha \neq 0, \pm 1$, 考虑亚纯函数

$$h(z) := \frac{1}{z(z-\alpha)(\alpha z - 1)}, \quad g(z) = z$$

以及 $\mathbb{C} \setminus \{0, \alpha, 1/\alpha\}$ 的全纯覆盖曲面 M. h 和 g 可以被看作 M 上的全纯函数. 令

$$x_1 := \mathrm{Re} \int_0^z h(1-g^2)\mathrm{d}z, \quad x_2 := \mathrm{Re} \int_0^z \sqrt{-1}h(1+g^2)\mathrm{d}z, \quad x_3 := 2\mathrm{Re} \int_0^z hg\mathrm{d}z.$$

我们可以构造 $\mathbb{R}^3$ 中的极小曲面 $X = (x_1, x_2, x_3) : M \to \mathbb{R}^3$, 该曲面上的 Gauss 映射为 g. 不难看出, 曲面 M 是完备的. 利用类似的方法, 通过亚纯函数

$$h(z) := \frac{1}{z(z-\alpha)(\alpha z - 1)}, \quad \tilde{g}(z) = \frac{1}{z}$$

构造另外一个极小曲面 $\tilde{X} = (\tilde{x}_1, \tilde{x}_2, \tilde{x}_3) : M \to \mathbb{R}^3$. 容易验证 $\tilde{M}$ 和 M 是等距的, 所以恒等映射 $\Phi: M \mapsto \tilde{M}$ 是共形微分同胚的. 映射 g 和 $\tilde{g}$ 满足 $g \not\equiv \tilde{g}$, $g^{-1}(\alpha_j) = \tilde{g}^{-1}(\alpha_j)$, 这里

$$\alpha_1 := 0, \quad \alpha_2 := \infty, \quad \alpha_3 := \alpha, \quad \alpha_4 := \frac{1}{\alpha}, \quad \alpha_5 := 1, \quad \alpha_6 := -1.$$

以上充分说明了定理 1.10 中关于 q 的条件是精确的.

定理 1.11 (参考文献 [23]) 如果 $q \geqslant 6$, 曲面 M 和 $\tilde{M}$ 都是完备的并且具有有限的总曲率, 那么 $g = \tilde{g}$.

定理 1.11 中的条件 $q \geqslant 6$ 是不是最精确的, 目前还是个公开问题.

对于 $\alpha, \beta \in \overline{\mathbb{C}}$, 如果 $\alpha \neq \infty$, $\beta \neq \infty$, 可定义两点之间的球径距离:

$$|\alpha, \beta| := \frac{|\alpha - \beta|}{\sqrt{1 + |\alpha|^2}\sqrt{1 + |\beta|^2}}.$$

如果 $\beta = \infty$, 则 $|\alpha, \beta| = |\beta, \alpha| := 1/\sqrt{1 + |\alpha|^2}$. 为了证明定理 1.10, 需要验证以下两个命题.

命题 1.3 (参考文献 [23]) 设 g 和 $\tilde{g}$ 是 Riemann 曲面 M 上互不相同的两个非常值亚纯函数, 并且对于 $q(>4)$ 个不同的数 $\alpha_1, \alpha_2, \cdots, \alpha_q$ 有 $g^{-1}(\alpha_j) = \tilde{g}^{-1}(\alpha_j)(1 \leqslant j \leqslant q)$ 成立. 对任意的正数 $a_0 > 0$ 以及任意满足 $q - 4 > q\epsilon > 0$ 的 ϵ, 令

$$\lambda := \left(\prod_{j=1}^{q} |g, \alpha_j| \log \left(\frac{a_0}{|g, \alpha_j|^2} \right) \right)^{-1+\epsilon}, \quad \tilde{\lambda} := \left(\prod_{j=1}^{q} |\tilde{g}, \alpha_j| \log \left(\frac{a_0}{|\tilde{g}, \alpha_j|^2} \right) \right)^{-1+\epsilon},$$

在集合 $E := \bigcup_{j=1}^{q} g^{-1}(\alpha_j)$ 之外的点处定义度量

$$\mathrm{d}\tau^2 := |g, \tilde{g}|^2 \lambda \tilde{\lambda} \frac{|g'|}{1 + |g|^2} \frac{|\tilde{g}'|}{1 + |\tilde{g}|^2} |\mathrm{d}z|^2. \tag{1.3.1}$$

在集合 E 上定义 $\mathrm{d}\tau^2 := 0$, 那么可选择合适的 a_0 使得 $\mathrm{d}\tau^2$ 在 M 上连续同时在集合 $\{\mathrm{d}\tau^2 \neq 0\}$ 上有着严格的负曲率.

证明 任意选取一点 $z_0 \in M$. 为验证 $\mathrm{d}\tau^2$ 在点 z_0 处的连续性, 不妨假设 $g(z_0) \neq \infty, \tilde{g}(z_0) \neq \infty$. 对于 $z_0 \notin E$, 显然 $\mathrm{d}\tau^2$ 在 z_0 处连续. 如果 $z_0 \in E$, 那么存在某些 j 使得 $g(z_0) = \alpha_j$. 注意到点 z_0 是函数 $g - \tilde{g}(= (g - \alpha_j) - (\tilde{g} - \alpha_j))$ 的零点, 也是函数 $g'/(g - \alpha_j)$, $\tilde{g}'/(\tilde{g} - \alpha_j)$ 的 1 阶极点. 根据 $\mathrm{d}\tau^2$ 的表达式, 不难发现 $\mathrm{d}\tau^2$ 在 z_0 处连续. 由点 z_0 的任意性知道 $\mathrm{d}\tau^2$ 在曲面 M 上连续.

在 $\{\mathrm{d}\tau^2 \neq 0\}$ 中的开子集上选取任意的全纯局部坐标 z, 考虑使得 $\mathrm{d}\tau^2 = \mu^2|\mathrm{d}z|^2$ 的非负函数 μ. 在 $\{\mathrm{d}\tau^2 \neq 0\}$ 上,

$$\mu^2 = u(1+|g|^2)^\rho(1+|\tilde{g}|^2)^\rho / \prod_{j=1}^{q} \left(\log \frac{a_0}{|g,\alpha_j|^2} \log \frac{a_0}{|\tilde{g},\alpha_j|^2}\right)^{1-\epsilon},$$

这里 $\rho := q(1-\epsilon)/2 - 2(>0)$, u 是满足 $\Delta \log u = 0$ 的正函数. 利用命题 1.4,

$$\Delta \log \mu^2 = \Delta \log \frac{(1+|g|^2)^\rho}{\prod\limits_{j=1}^{q} \log^{1-\epsilon}(a_0/|g,\alpha_j|^2)} + \Delta \log \frac{(1+|\tilde{g}|^2)^\rho}{\prod\limits_{j=1}^{q} \log^{1-\epsilon}(a_0/|\tilde{g},\alpha_j|^2)}$$

$$\geqslant C_1 \frac{\lambda^2|g'|^2}{(1+|g|^2)^2} + C_2 \frac{\tilde{\lambda}^2|\tilde{g}'|^2}{(1+|\tilde{g}|^2)^2}$$

$$\geqslant C_3 \frac{\lambda\tilde{\lambda}|g'\tilde{g}'|}{(1+|g|^2)(1+|\tilde{g}|^2)},$$

这里的 C_j 都是正函数. 因为 $|g,\tilde{g}| \leqslant 1$, 所以

$$\Delta \log \mu^2 \geqslant C_3 \mu^2.$$

这蕴含着 $\mathrm{d}\tau^2$ 有严格的负曲率.　□

推论 1.2(参考文献 [23])　设 g 和 $\tilde{g}$ 是 Δ_R 上的两个亚纯函数, 并且满足命题 1.3 的条件. 对于命题 1.3 中的度量 $\mathrm{d}\tau^2$, 存在常数 $C > 0$ 使得

$$\mathrm{d}\tau^2 \leqslant C \frac{4R^2}{(R^2-|z|^2)^2}|\mathrm{d}z|^2.$$

证明　由命题 1.3 以及推广的 Schwarz 引理 (见文献 [24]) 可以直接得到.　□

定理 1.10 的证明　考虑两个非平坦极小曲面 $X := (x_1, x_2, x_3): M \to \mathbb{R}^3$ 和 $\tilde{X} := (\tilde{x}_1, \tilde{x}_2, \tilde{x}_3): \tilde{M} \to \mathbb{R}^3$, 存在一个共形微分同胚映射 $\Phi: M \to \tilde{M}$. G 和 $\tilde{G}$ 分别是曲面 M 和 $\tilde{M}$ 上的 Gauss 映射, $g := \pi \circ G, \tilde{g} := \pi \circ \tilde{G} \circ \Phi$ 是两个亚纯函数, 这里 π 是球极投影映射. $\alpha_1, \cdots, \alpha_q$ 是 q 个不同的点且满足 $g^{-1}(\alpha_j) = \tilde{g}^{-1}(\alpha_j)$, 不妨假设 $\alpha_q := \infty$. 采用反证法, 即假设 $q > 6$ 以及 M 是完备的 ($\tilde{M}$ 也是类似的), $g \not\equiv \tilde{g}$. 曲面 M 和 $\tilde{M}$ 可分别被看作带有共形度量 $\mathrm{d}s^2$ 和 $\mathrm{d}\tilde{s}^2$ 的开 Riemann 曲面. 可设 (参考文献 [16])

$$\omega := \partial x_1 - \sqrt{-1}\partial x_2, \quad \tilde{\omega} := \partial \tilde{x}_1 - \sqrt{-1}\partial \tilde{x}_2,$$

这样有

$$ds^2 = (1 + |g|^2)^2|\omega|^2, \quad d\tilde{s}^2 = (1 + |\tilde{g}|^2)^2|\tilde{\omega}|^2.$$

曲面 M 和 $\tilde{M}$ 是共形微分同胚的, 在每个单连通开集 U 上选取局部全纯坐标 z, 存在处处不取零的全纯函数 h_z 使得

$$ds^2 = |h_z|^2(1 + |g|^2)(1 + |\tilde{g}|^2)|dz|^2. \tag{1.3.2}$$

选取满足 $q - 6 > q\eta > 0$ 的 η, 令

$$\tau := \frac{2}{q - 4 - q\eta} \quad (< 1). \tag{1.3.3}$$

下面定义一个伪度量 $d\sigma^2$:

$$d\sigma^2 := |h_z|^{\frac{2}{1-\tau}} \left(\frac{\prod\limits_{j=1}^{q-1}(|g - \alpha_j||\tilde{g} - \alpha_j|)^{1-\eta}}{|g - \tilde{g}|^2|\tilde{g}'|\prod\limits_{j=1}^{q-1}(1 + |\alpha_j|^2)^{1-\eta}} \right)^{\frac{\tau}{1-\tau}} |dz|^2. \tag{1.3.4}$$

不难验证, $d\sigma^2$ 不依赖于局部全纯坐标 z 的选取, 所以它是定义在 $M' := M - E'$ 的度量, 这里

$$E' := \{z \in M; g'(z) = 0, \tilde{g}'(z) = 0 \text{ 或者 } g(z) = \tilde{g}(z)\}.$$

另外, 令 $\epsilon := \frac{\eta}{2}$, 可在 M 上定义另外一个新的伪度量 $d\tau^2$, 见式 (1.3.1), 该伪度量在 M' 上有严格的负曲率.

任意选取 $z \in M'$. 不难看出 $d\sigma^2$ 在 M' 上是平坦的, 可选取最大的 $R(\leqslant +\infty)$ 使得在圆盘 Δ_R 上存在局部全纯等距映射 $\Psi: \Delta_R \to M'$ 满足 $\Psi(0) = z$. 注意到 $\Psi * d\tau^2$ 是 Δ_R 上的伪度量, 它有着严格的负曲率. 我们知道复平面 $\mathbb{C}$ 上没有严格负曲率度量, 从而可以推出 $R < +\infty$. 利用类似的方法 (见文献 [5], [25]), 我们可以选取满足 $|w_0| = R$ 的点 w_0 使得线段

$$\Gamma: w = tw_0 \quad (0 \leqslant t < 1)$$

的像 $\Psi(\Gamma)$ 在 $t \to 1$ 时趋于 M' 的边界. 进一步, 在式 (1.3.3) 中选择合适的常数 η, 可使得 $\Psi(\Gamma)$ 趋于 M 的边界.

因为 Ψ 是一个局部等距映射, 所以可选取 M' 上的局部全纯坐标 w 使得 $\mathrm{d}\sigma^2 = |\mathrm{d}w|^2$. 由式 (1.3.4) 得

$$|h_w|^2 = \left(\frac{|g-\tilde{g}|^2 |g'||\tilde{g}'| \prod\limits_{j=1}^{q-1} |(1+|\alpha_j|^2)^{1-\eta}}{\prod\limits_{j=1}^{q-1} (|g-\alpha_j||\tilde{g}-\alpha_j|)^{1-\eta}} \right)^{\tau}.$$

将上式代入式 (1.3.2), 有

$$
\begin{aligned}
\mathrm{d}s^2 &= |h_w|^2 (1+|g|^2)(1+|\tilde{g}|^2)|\mathrm{d}w|^2 \\
&= \left(\frac{|g-\tilde{g}|^2 |g'||\tilde{g}'|(1+|g|^2)^{\frac{1}{\tau}}(1+|\tilde{g}|^2)^{\frac{1}{\tau}} \prod\limits_{j=1}^{q-1}(1+|\alpha_j|^2)^{1-\eta}}{\prod\limits_{j=1}^{q-1}(|g-\alpha_j||\tilde{g}-\alpha_j|)^{1-\eta}} \right)^{\tau} |\mathrm{d}w|^2 \\
&= \left(\mu^2 \prod_{j=1}^{q} (|g,\alpha_j||\tilde{g},\alpha_j|)^{\epsilon} \left(\log \frac{a_0}{|g,\alpha_j|^2} \log \frac{a_0}{|\tilde{g},\alpha_j|^2} \right)^{1-\epsilon} \right)^{\tau} |\mathrm{d}w|^2,
\end{aligned}
$$

这里 μ 满足 $\mathrm{d}\tau^2 = \mu^2 |\mathrm{d}w|^2$. 因为函数 $x^{\epsilon} \log^{1-\epsilon}(\frac{a_0}{x^2})(0 < x \leqslant 1)$ 是有界的, 所以存在正常数 C 使得

$$\mathrm{d}s^2 \leqslant C \left(\frac{|g,\tilde{g}|^2 |g'||\tilde{g}'| \lambda \tilde{\lambda}}{(1+|g|^2)(1+|\tilde{g}|^2)} \right)^{\tau} |\mathrm{d}w|^2.$$

利用推论 1.2, 有

$$\mathrm{d}s \leqslant C' \left(\frac{2R}{R^2 - |w|^2} \right)^{\tau} |\mathrm{d}w|,$$

这里 $C' > 0$. 进一步, 有

$$\int_{\Psi(\Gamma)} \mathrm{d}s \leqslant C' \int_{\Gamma} \left(\frac{2R}{R^2 - |w|^2} \right)^{\tau} |\mathrm{d}w| < +\infty,$$

这与曲面 M 的完备性是矛盾的, 从而 $g \equiv \tilde{g}$, 这就完成了定理 1.10 的证明.　$\square$

定理 1.11 的证明 采用反证法, 在定理 1.11 原有的给定条件下, 假设 $g \not\equiv \tilde{g}$. 根据 Chern-Osserman 的结果 [2], M 可被看作 $\overline{M} \setminus \{a_1, \cdots, a_k\}$, 这里 $\overline{M}$ 是紧 Riemann 曲面. 此外, 映射 g, $\tilde{g}$ 以及 $\mathrm{d}s^2$, $\Phi * \mathrm{d}\tilde{s}^2$ 可分别被看作 $\overline{M}$ 上可能带有奇点 $a_1, \cdots, a_k$ 的两个亚纯函数以及两个伪度量. 根据条件 $g^{-1}(\alpha_j) \cap M = \tilde{g}^{-1}(\alpha_j)(1 \leqslant j \leqslant q)$, 用 v_g 和 $v_{\tilde{g}}$ 分别表示 g 和 $\tilde{g}$ 在曲面 $\overline{M}$ 的总分支阶数. 令

$$n_j := \sharp(g^{-1}(\alpha_j) \cap M) = \sharp(\tilde{g}^{-1}(\alpha_j) \cap M) \ (1 \leqslant j \leqslant q).$$

容易看出,

$$q \deg(g) \leqslant k + \sum_{j=1}^{q} n_j + v_g.$$

另外, 用 γ 表示 M 的亏格, $C(M)$ 表示 M 的全曲率, $\chi(M)$ 表示 M 的 Euler 特征数. 根据 Riemann-Hurwitz 公式 [26], 有

$$2\gamma - 2 = v_g - 2\deg(g),$$

由 Chern-Osserman 定理 [16] 得

$$\frac{1}{2\pi} C(M) = -2\deg(g) \leqslant \chi(M) - k = 2 - 2\gamma - 2k.$$

上述结论可进一步推导出

$$(q - 4)\deg(g) \leqslant \sum_{j=1}^{q} n_j - k.$$

类似地,

$$(q - 4)\deg(\tilde{g}) \leqslant \sum_{j=1}^{q} n_j - k.$$

考虑函数

$$\varphi := \frac{1}{g - \tilde{g}},$$

根据假设条件有

$$\sum_{j=1}^{q} n_j \leqslant \varphi\text{的极点数} \leqslant \deg(g) + \deg(\tilde{g}).$$

因此,

$$(q-4)(d_g + d_{\tilde{g}}) \leqslant 2(\deg(g) + \deg(\tilde{g})) - 2k.$$

进一步,

$$2k \leqslant (6-q)(\deg(g) + \deg(\tilde{g})).$$

因为 $k > 0$, 所以 $q \leqslant 5$. 这与假设相矛盾. 这就完成了定理 1.11 的证明. $\qquad\square$

1.4 $\mathbb{R}^3$ 中极小曲面的 Gauss 曲率估计

1952 年, E. Heinz 考虑了一类 $\mathbb{R}^3$ 中的极小曲面 M, 它由圆盘 $\Delta_R := \{(x,y);$ $x^2 + y^2 < R^2\}$ 上的 C^2 函数 $z = z(x,y)$ 所定义. 此外, E. Heinz 证明了存在一个不依赖于曲面 M 的正常数 C, 使得曲面的曲率 $\mathfrak{K}$ 满足 $|\mathfrak{K}| \leqslant C/R^2$. 当 $R = \infty$ 时, 可以推出曲面的曲率恒为 0 [27]. 经典 Bernstein 定理曾指出: 定义在整个复平面上的极小图只能是平面, 上述结果则可以看成经典 Bernstein 定理的推广. 后来, R. Osserman 给出了一些提升性的结果. 他证明了上述结果可以不要求曲面是由函数 $z = z(x,y)$ 所定义的. 设 $d(p)$ 表示点 p 到曲面 M 边界的测地距离, R. Osserman 证明了如下结果.

定理 1.12 (参考文献 [28], [29]) 设 M 是 $\mathbb{R}^3$ 中的单连通极小曲面, 存在一个非零的向量 $\boldsymbol{n}_0$ 和常数 $\theta_0 > 0$ 使得曲面 M 上的所有法向量与 $\boldsymbol{n}_0$ 的夹角至少为 θ_0, 那么有

$$|\mathfrak{K}(p)|^{1/2} \leqslant \frac{1}{d(p)} \cdot \frac{2\cos(\theta_0/2)}{\sin^3(\theta_0/2)} \quad (p \in M).$$

上述定理指出, $\mathbb{R}^3$ 中极小曲面 M 上的法向量如果不取某个方向角域, 那么会有相应的曲率估计. H. Fujimoto 进一步得到: 如果曲面上的法向量不取 5 个方向, 那么同样可以得到曲面的曲率估计式 [5].

定理 1.13 (参考文献 [5]) 设 M 是 $\mathbb{R}^3$ 中的极小曲面, $G: M \to \Sigma$ 是 M 上的 Gauss 映射. 如果 G 不取 Σ 上 5 个互不相同的点 $n_1, n_2, \cdots, n_5$, 那么存在不依赖于曲面 M 的正常数 C (仅依赖于 $n_1, n_2, \cdots, n_5$), 使得

$$|\mathfrak{K}(p)|^{1/2} \leqslant \frac{C}{d(p)} \quad (p \in M).$$

若曲面 M 是完备的, 则对所有的点 p, 有 $d(p) = \infty$. 上述定理指出, $\mathbb{R}^3$ 中完备的非平坦极小曲面上的 Gauss 映射至多不取球面上 4 个不同的点. 后来, H. Fujimoto 还考虑了曲面上 Gauss 映射涉及零点重数的情形, 同时对定理 1.13 中的常数 C 有了更精确的刻画 [25].

定理 1.14 (参考文献 [25]) 假定浸入映射 $X : M \to \mathbb{R}^3$ 可定义 $\mathbb{R}^3$ 中的一个极小曲面. 如果对于一些给定的互不相同的点 $\alpha_1, \cdots, \alpha_q$ 以及一些正整数 $m_1, \cdots, m_q, g - \alpha_j$ 的零点重数至少为 m_j 且满足

$$\gamma := \sum_{j=1}^{q} \left(1 - \frac{1}{m_j}\right) > 4,$$

令

$$L := \min\{|\alpha_i, \alpha_j|; 1 \leqslant i < j \leqslant q\},$$

那么存在一些不依赖于 M, α_j, m_j 的正常数 C_4, 使得

$$|\mathfrak{K}(p)|^{1/2} \leqslant \frac{C_4}{d(p)} \cdot \frac{\log^2(1/L)}{L^3} \ (p \in M). \tag{1.4.1}$$

在定理 1.14 的条件中, 不妨假设不等式

$$\sum_{j \in I} \left(1 - \frac{1}{m_j}\right) > 4$$

对 $\{1, 2, \cdot, q\}$ 中的任何真子集 I 都是不成立的. 值得注意的是, 对于任意给定的 $\epsilon > 0$, 不存在不依赖曲面的正常数 C 使得如下不等式成立:

$$|\mathfrak{K}(p)|^{1/2} \leqslant \frac{C}{d(p)} \cdot \frac{1}{L^{3-\epsilon}}. \tag{1.4.2}$$

接下来给出具体例子. 对每个正数 $R(\geqslant 1)$, 在 $\overline{\mathbb{C}}$ 中选取 5 个点:

$$\alpha_1 := R, \quad \alpha_2 := \sqrt{-1}R, \quad \alpha_3 := -R, \quad \alpha_4 := -\sqrt{-1}R, \quad \alpha_5 := \infty.$$

考虑限制在半径为 R 的圆盘上的 Enneper 曲面 M, 也就是 $f(z) \equiv 1, g(z) = z$. 令

$$x_1 := \mathrm{Re} \int_0^z f(1 - g^2)\mathrm{d}z, \quad x_2 := \mathrm{Re} \int_0^z \sqrt{-1}f(1 + g^2)\mathrm{d}z, \quad x_3 := 2\mathrm{Re} \int_0^z fg\mathrm{d}z,$$

定义 $\mathbb{R}^3$ 中的曲面 $X = (x_1, x_2, x_3) : \Delta_R \to \mathbb{R}^3$. 这个曲面就是一个极小曲面, g 是其曲面上的 Gauss 映射 G 复合上合适的球极投影映射后得到的亚纯函数, 曲面上的诱导度量可以表示为 $\mathrm{d}s^2 = (1 + |z|^2)^2 |\mathrm{d}z|^2$(参考文献 [16]). 对于 $p = 0$, 有

$$d(0) = \int_0^R (1 + x^2)\mathrm{d}x = R + \frac{1}{3}R^3,$$

$$|\mathfrak{K}(0)|^{1/2} = \frac{2|g'(0)|}{|f(0)|(1 + |g(0)|^2)^2} = 2.$$

另外, $L = 1/\sqrt{1 + R^2}$, 这样有

$$|\mathfrak{K}(0)|^{1/2} d(0) L^{3-\epsilon} = \frac{2\left(R + \frac{1}{3}R^3\right)}{(1 + R^2)^{(3-\epsilon)/2}}.$$

当 $R \to \infty$ 时, 上述等式右边会趋于 $+\infty$. 因此, 不存在不依赖极小曲面的正常数 C 使得式 (1.4.2) 成立.

事实上, 定理 1.14 的结论蕴含定理 1.12 与定理 1.13, 因而只需给出定理 1.14 的详细证明即可. 为此, 我们需要一些辅助性的结果和说明.

考虑从单位球面 S^2 到扩充复平面 $\overline{\mathbb{C}} := \mathbb{C} \cup \{\infty\}$ 的一个球极投影映射 π. 设 $\boldsymbol{n}_1$ 和 $\boldsymbol{n}_2$ 是球面 S^2 上的两个向量, $\alpha, \beta \in \overline{\mathbb{C}}$ 是扩充复平面上两个对应的点且满足 $\alpha = \pi(\boldsymbol{n}_1), \beta = \pi(\boldsymbol{n}_2)$. 令 $\theta(0 \leqslant \theta \leqslant \pi)$ 表示 $\boldsymbol{n}_1$ 和 $\boldsymbol{n}_2$ 之间的夹角. 定义

$$|\alpha, \beta| := \sin\frac{\theta}{2}.$$

不难得到, 如果 $\alpha \neq \infty, \beta \neq \infty$, 那么

$$|\alpha, \beta| = \frac{|\alpha - \beta|}{\sqrt{1 + |\alpha|^2}\sqrt{1 + |\beta|^2}}.$$

如果 $\alpha = \infty$, 那么 $|\beta| = \frac{1}{1+|\alpha|^2}$.

取 $q(\geqslant 2)$ 个互不相同的数 $\alpha_1, \cdots, \alpha_q \in \overline{\mathbb{C}}$. 令

$$L := \min_{i<j} |a_i, \alpha_j|, \tag{1.4.3}$$

那么有以下事实.

引理 1.13(参考文献 [25])　对于任意的 $w \in \overline{\mathbb{C}}$, 有

$$|w, \alpha_i| \geqslant \frac{L}{2}$$

对所有的 $\alpha_i (1 \leqslant i \leqslant q)$ 成立, 至多只有一个例外.

事实上, 如果存在两个不同的 α_{i_1}, α_{i_2} 使得 $|w, \alpha_{i_k}| < \frac{L}{2}(k = 1, 2)$ 成立, 那么可推出矛盾:

$$L \leqslant |a_{i_1}, \alpha_{i_2}| \leqslant |a_{i_1}, w| + |w, \alpha_{i_2}| < L.$$

设 g 是单位圆盘 $\Delta_R := \{z; |z| < R\}$ 上的非常值亚纯函数, $\eta_1, \cdots, \eta_q$ 是一些满足 $0 < \eta_j \leqslant 1$ 的实数, 同时假设

$$\gamma := \eta_1 + \cdots + \eta_q > 1.$$

命题 1.4(参考文献 [25])　对于每个正数 ρ, 选取 η 满足 $\gamma - 1 > \gamma\eta \geqslant 0$, 选取常数 $a_0(\geqslant \mathrm{e}^2)$ 满足

$$\frac{1}{\log^2 a_0} + \frac{1}{\log a_0} \leqslant \rho'(:= \frac{\rho}{\gamma}), \tag{1.4.4}$$

那么有

$$\Delta \log \frac{(1 + |g|^2)^\rho}{\prod\limits_{j=1}^{q} \log^{\eta_j}(a_0/|g, \alpha_j|^2)} \geqslant C_1^2 \frac{|g'|^2}{(1 + |g|^2)^2} \prod_{j=1}^{q} \left(\frac{1}{|g, a_j|^2 \log^2(a_0/|g, a_j|^2)} \right)^{\eta_j(1-\eta)},$$

这里

$$C_1 := 2 \left(\frac{L}{2} \log \frac{4a_0}{L^2} \right)^{\gamma - 1 - \gamma\eta}. \tag{1.4.5}$$

为证明上述命题, 需要以下两个引理.

引理 1.14(参考文献 [25])　对于任意给定的正数 $\rho' > 0$, 选取 $a_0(\geqslant \mathrm{e})$ 满足式 (1.4.4), 那么有

$$\Delta \log \frac{1}{\log(a_0/|g, a_j|^2)} \geqslant \frac{4|g'|^2}{(1 + |g|^2)^2} \left(\frac{1}{|g, \alpha_j|^2 \log^2(a_0/|g, \alpha_j|^2)} - \rho' \right).$$

证明　对每个 $1 \leqslant j \leqslant q$, $\alpha_j = a_{j_0}/a_{j_1}$, 这里 (a_{j_0}, a_{j_1}) 是一些非零向量. 与此同时, 亚纯函数 g 可以表示成两个没有共同零点的全纯函数比值的形式, 即

$g = g_0/g_1$. 这样有

$$|g, \alpha_j|^2 = \frac{|a_{j_1} g_0 - a_{j_0} g_1|^2}{|g_0|^2 + |g_1|^2}$$

以及

$$\frac{|g'|^2}{(1 + |g|^2)^2} = \frac{|g_0 g_1' - g_1 g_0'|^2}{(|g_0|^2 + |g_1|^2)^2}.$$

进一步, 可利用文献 [17] 的引理 2.2 中类似的方法得到结论. □

引理 1.15 (参考文献 [25]) 设 $A_1, \cdots, A_q$ 是一些非负数, 选取一个正常数 M 使得对所有的 $1 \leqslant j \leqslant q$ 有 $M \geqslant A_j$, 至多只有一个例外, 那么对任意满足 $\gamma - 1 > \gamma\eta \geqslant 0$ 的 η, 有

$$\eta_1 A_1 + \eta_2 A_2 + \cdots + \eta_q A_q \geqslant \frac{1}{M^{\gamma-1-\gamma\eta}} (A_1^{\eta_1} A_2^{\eta_2} \cdots A_q^{\eta_q})^{1-\eta}.$$

证明 不失一般性, 可假设

$$A_1 \geqslant A_2 \geqslant \cdots \geqslant A_q.$$

进一步可设 $M \geqslant A_j$, $j = 2, 3, \cdots, q$. 令

$$\lambda_1 := \eta_1(1 - \eta), \quad \lambda_j := \frac{\eta_j}{\eta_2 + \cdots + \eta_q}(1 - \lambda_1) \ (j = 2, \cdots, q),$$

那么有

$$\eta_1 A_1 + \eta_2 A_2 + \cdots + \eta_q A_q \geqslant \lambda_1 A_1 + \lambda_2 A_2 + \cdots + \lambda_q A_q$$

$$\geqslant A_1^{\lambda_1} A_2^{\lambda_2} \cdots A_q^{\lambda_q}$$

$$= (A_1^{\eta_1} A_2^{\eta_2} \cdots A_q^{\eta_q})^{1-\eta} \frac{A_2^{\lambda_2} \cdots A_q^{\lambda_q}}{(A_2^{\eta_2} \cdots A_q^{\eta_q})^{1-\eta}}$$

$$\geqslant (A_1^{\eta_1} A_2^{\eta_2} \cdots A_q^{\eta_q})^{1-\eta} \frac{1}{M^{\gamma-1-\gamma\eta}}. \qquad \square$$

命题 1.4 的证明 设

$$h_j := \frac{1}{|g, \alpha_j|} \ (1 \leqslant j \leqslant q).$$

选取满足条件 (1.4.4) 的 $a_0 (\geqslant e^2)$. 根据引理 1.14, 有

$$\Delta \log \frac{(1+|g|^2)^\rho}{\prod\limits_{j=1}^{q} \log^{\eta_j}(a_0 h_j^2)}$$

$$\geqslant \frac{4|g'|^2}{(1+|g|^2)^2}\left(\rho + \sum_{j=1}^{q} \eta_j\left(\frac{h_j^2}{\log^2(a_0 h_j^2)} - \frac{p}{\gamma}\right)\right)$$

$$= \frac{4|g'|^2}{(1+|g|^2)^2}\sum_{j=1}^{q}\frac{\eta_j h_j^2}{\log^2(a_0 h_j^2)}. \tag{1.4.6}$$

根据引理 1.13 知道, 对于每个 $z \in \Delta_R$ 以及所有的 α_j, 有 $|g(z),\alpha_j| \geqslant L/2$, 至多只有一个 j 例外. 当 $x \geqslant 1$ 时, $x^2/\log^2(a_0 x^2)$ 是单调递增的. 因此,

$$\frac{h_j^2}{\log^2(a_0 h_j^2)} \leqslant \frac{4}{L^2\log^2(4a_0/L^2)}$$

对所有的 h_j 成立. 令 $A_j := h_j^2/\log^2(a_0 h_j^2)$ 以及 $M := 4/(L^2\log^2(4a_0/L^2))$, 由引理 1.15 得

$$\sum_{j=1}^{q}\frac{\eta_j h_j^2}{\log^2(a_0 h_j^2)} \geqslant \left(\frac{L}{2}\log\frac{4a_0}{L^2}\right)^{2(\gamma-1-\gamma\eta)}\prod_{j=1}^{q}\left(\frac{h_j^2}{\log^2(a_0 h_j^2)}\right)^{\eta_j(1-\eta)}.$$

联合式 (1.4.6), 可得命题结论. $\square$

命题 1.5 (参考文献 [25]) 假设 g 是定义在 Δ_R 上的一个非常值亚纯函数. 如果对于一些给定的、互不相同的点 $\alpha_1, \alpha_2, \cdots, \alpha_q \in \overline{\mathbb{C}}$, 以及一些不小于 2 的正整数 $m_1, m_2, \cdots, m_q$, $g - \alpha_j$ 的零点重数至少为 $m_j(j = 1, 2, \cdots, q)$, 同时满足

$$\gamma := \sum_{j=1}^{q}\left(1 - \frac{1}{m_j}\right) > 2,$$

那么, 对于满足 $\gamma - 2 > \gamma\eta_0 > 0$ 的 η_0, 存在仅依赖于 γ 和 η_0 的常数 $a_0 \geqslant \mathrm{e}^2$, 使得对于任意的正常数 $\eta \leqslant \eta_0$, 有

$$\frac{|g'|}{1+|g|^2}\prod_{j=1}^{q}\left(\frac{1}{|g,\alpha_j|\log(4a_0/|g,\alpha_j|^2)}\right)^{(1-1/m_j)(1-\eta)} \leqslant \frac{1}{C_1(1-\eta)^{1/2}}\cdot\frac{2R}{R^2-|z|^2},$$

这里的 L 和 C_1 如式 (1.4.3), 式 (1.4.5) 所示.

此命题的证明需要用到以下 Ahlfors-Schwarz 引理.

引理 1.16(参考文献 [21], [24])   设 v 是 Δ_R 上的一个非负连续函数, 如果在 $\{z \in \Delta_R; v(z) > 0\}$ 上, v 是 C^2 的并且满足

$$\Delta \log v \geqslant v^2,$$

那么有

$$v(z) \leqslant \frac{2R}{R^2 - |z|^2} \ (z \in \Delta_R).$$

命题 1.5 的证明   不妨假设 $\alpha_q = \infty$(如若不然, 可对 g 做合适的 Möbius 变换). 令

$$\eta_j := 1 - \frac{1}{m_j}, \quad h_j := \frac{1}{|g, \alpha_j|} \ (1 \leqslant j \leqslant q), \quad \rho := \frac{\gamma - 2 - \gamma\eta}{2(1 - \eta)}.$$

考虑函数

$$v := C_1(1 - \eta)^{1/2} \frac{|g'|}{1 + |g|^2} \prod_{j=1}^{q} \left(\frac{h_j}{\log(a_0 h_j^2)} \right)^{\eta_j(1-\eta)},$$

这里的 $C_1, a_0, \gamma, \eta(\leqslant \eta_0), \rho' := (\gamma - 2 - \gamma\eta_0)/[2\gamma(1 - \eta_0)](\leqslant \rho/\gamma)$ 是命题 1.4 中的一些常数. 令

$$w = \begin{cases} 0, & \text{对某些 } j, g(z) = \alpha_j, \\ |g'| \prod_{j=1}^{q-1} \left(\frac{(1 + |\alpha_j|^2)^{1/2}}{|g - \alpha_j|} \right)^{\eta_j(1-\eta)}, & \text{对所有的 } j, g(z) \neq \alpha_j, \end{cases}$$

v 可改写为

$$v = C_1(1 - \eta)^{1/2} w \left(\frac{(1 + |g|^2)^{\rho}}{\prod\limits_{j=1}^{q} \log^{\eta_j}(a_0 h_j^2)} \right)^{1-\eta}.$$

由此可得, v 在 Δ_R 上连续, $\log w$ 在 $\{z \in \Delta_R; w(z) > 0\}$ 上调和. 事实上, 对于每个点 $z_0 \in \Delta_R$, v 都可以表示为 $v = |z - z_0|^a \tilde{v}$, 这里的 $\tilde{v}$ 是 z_0 的某邻域内的一个非负函数. 如果 z_0 是 $g - \alpha_j$ 的一个 m 阶零点, 那么

$$a = m - 1 - m \left(1 - \frac{1}{m_j} \right)(1 - \eta) > 0.$$

如果 z_0 是 g 的一个 m 阶极点, 那么

$$a = (\gamma - \eta_q)m(1-\eta) - m - 1 - 2m\rho(1-\eta)$$

$$= m - 1 - m\eta_q(1-\eta) > 0.$$

因此, v 是一个连续函数, 根据命题 1.4, 有

$$\Delta \log v = (1-\eta)\Delta \log \left(\frac{(1+|g|^2)^\rho}{\prod\limits_{j=1}^{q} \log^{\eta_j}(a_0 h_j^2)} \right)$$

$$\geqslant (1-\eta)C_1^2 \frac{|g'|^2}{(1+|g|^2)^2} \prod_{j=1}^{q} \left(\frac{h_j^2}{\log^2(a_0 h_j^2)} \right)^{\eta_j(1-\eta)} = v^2.$$

由 Ahlfors-Schwarz 引理可直接得出命题结论. □

推论 1.3 (参考文献 [25]) 设 g 是 Δ_R 上满足命题 1.5 中条件的非常值亚纯函数, 那么对于满足 $\gamma - 2 > \gamma\eta + \gamma\delta$ 的任意正常数 η 以及 δ, 有

$$\frac{|g'|}{1+|g|^2} \frac{1}{\left(\prod\limits_{j=1}^{q} |g, \alpha_j|^{1-1/m_j} \right)^{1-\eta-\delta}} \leqslant C_2 \frac{2R}{R^2 - |z|^2},$$

这里

$$C_2 := \frac{a_0^{\gamma\delta/2} C_3}{\delta^{\gamma(1-\eta)} \left[\dfrac{L}{2} \log(4a_0/L^2) \right]^{\gamma-1-\gamma\eta}},$$

C_3 是仅依赖于 γ 的常数.

证明 经简单计算, 函数

$$\varphi(x) := \frac{\log^{1-\eta}(a_0 x^2)}{x^\delta} \quad (1 \leqslant x < +\infty)$$

在 $x_0 = (e^{2(1-\eta)/\delta}/a_0)^{1/2}$ 处取得最大值. 进一步, 利用命题 1.5 得

$$\frac{|g'|}{1+|g|^2} \frac{1}{\prod\limits_{j=1}^{q} |g, \alpha_j|^{\eta_j(1-\eta-\delta)}}$$

$$= \frac{|g'|}{1+|g|^2} \prod_{j=1}^{q} \left(\frac{h_j}{\log(a_0 h_j^2)} \right)^{\eta_j(1-\eta)} \prod_{j=1}^{q} \left(\frac{\log^{1-\eta}(a_0 h_j^2)}{h_j^{\delta}} \right)^{\eta_j}$$

$$\leqslant \frac{\varphi(x_0)^{\gamma}}{C_1(1-\eta)^{1/2}} \frac{2R}{R^2-|z|^2}.$$

因为 $0 \leqslant \eta < (\gamma-2)/\gamma$, 所以可找到仅依赖于 γ 的正常数 C_3 使得

$$\frac{\varphi(x_0)^{\gamma}}{C_1(1-\eta)^{1/2}} \leqslant \frac{2a_0^{\delta\gamma/2}C_3}{C_1\delta^{\gamma(1-\eta)}}.$$

推论可以直接被验证. □

定理 1.14 的证明 考虑浸入在 $\mathbb{R}^3$ 中的一个极小曲面 $X := (x_1, x_2, x_3)$: $M \to \mathbb{R}^3$, 映射 $g : M \to \overline{\mathbb{C}}$ 满足定理给定的条件, $\alpha_1, \cdots, \alpha_q$ 是一些互不相同的点, $m_1, \cdots, m_q$ 是一些不小于 2 的正整数. 不妨假设 M 是非平坦的, 或者说 g 是一个非常值的, 否则的话, 定理的结论是平凡的. 进一步, 假设 $\alpha_q = \infty$.

取局部全纯坐标 z, 令 $\phi_i := \frac{\partial x_i}{\partial z}(i = 1, 2, 3)$, 可得 $g = \phi_3/(\phi_1 - \sqrt{-1}\phi_2)$. M 上的诱导度量可以表示为 $\mathrm{d}s^2 = |f_z|^2(1+|g|^2)^2|\mathrm{d}z|^2$, 这里的全纯函数 $f_z := \phi_1 - \sqrt{-1}\phi_2$ 满足 g 的所有 m 阶零点都是 f_z 的 $2m$ 阶极点 (可参考文献 [16]).

选取一些 δ 使得

$$\gamma - 4 > 2\gamma\delta > 0. \tag{1.4.7}$$

令

$$\eta := \frac{\gamma - 4 - 2\gamma\delta}{\gamma}, \quad \tau := \frac{2}{2+\gamma\delta}.$$

如果选择足够小的正数 δ(仅依赖 γ), 对于常数 $\epsilon_0 := (\gamma-4)/2\gamma$, 可得到

$$0 < \tau < 1, \quad \frac{\epsilon_0\tau}{1-\tau} > 1. \tag{1.4.8}$$

定义新的度量

$$\mathrm{d}\sigma^2 = |f_z|^{2/(1-\tau)} \left(\frac{1}{|g_z'|} \prod_{j=1}^{q-1} \left(\frac{|g-\alpha_j|}{(1+|\alpha_j|^2)^{1/2}} \right)^{\eta_j(1-\eta-\delta)} \right)^{2\tau/(1-\tau)} |\mathrm{d}z|^2, \tag{1.4.9}$$

这里 $\eta_j := 1 - 1/m_j$, g_z' 表示 g 关于全纯局部坐标 z 的导数. 不难知道, 在集合 $M' := \{p \in M : g_z'(p) \neq 0$ 且 $g(p) \neq \alpha_j$ 对所有的 j 成立$\}$ 上, 上述 $\mathrm{d}\sigma^2$ 是

一个好的度量. 事实上, 如果选取另外一个全纯局部坐标 ζ, 那么 $f_z = f_\zeta d\zeta/dz$, $g'_z = g'_\zeta d\zeta/dz$, 由此可知 $d\sigma^2$ 保持不变.

接下来的目标是证明不等式 (1.4.1) 对于每一点 $p \in M$ 都是成立的. 假设 $p \in M'$. 因为度量 $d\sigma^2$ 在 M' 上是平坦的, 所以存在从 Δ_R 到点 p 的一个邻域 U 的映射 Φ, 该映射同时是 $\Delta_R(\leqslant +\infty)$ 上的度量 $|dz|^2$ 和 U 上的度量 $d\sigma^2$ 之间的等距映射. 选取最大的 R, Φ 可被看作从 Δ_R 到 M' 中开集的局部等距映射, 同时满足 $\Phi(0) = p$. 为了记号方便, 用函数 g 替代 Δ_R 上的函数 $g \cdot \Phi$. 根据推论 1.3, 有

$$R \leqslant 2C_2 \frac{1 + |g(0)|^2}{|g'_z(0)|} \prod_{j=1}^{q} |g(0), \alpha_j|^{\eta_j(1-\eta-\delta)} < +\infty. \tag{1.4.10}$$

这里存在一些满足 $|w_0| = R$ 的点 w_0 使得

$$\Gamma : w = tw_0 \ (0 \leqslant t < 1)$$

的像 $\Phi(\Gamma)$ 在 $t \to 1$ 时趋于 M' 的边界. 假设 $\Phi(\Gamma)$ 会趋于那些满足 $g'(p_0) = 0$ 或者对某些 j, $g(p_0) = \alpha_j$ 的点 p_0.

在 p_0 的一个邻域中, 选取局部全纯坐标 ζ 使得 $\zeta(p_0) = 0$. 度量 $d\sigma^2$ 可以写成 $d\sigma^2 = |\zeta|^{2a\tau/(1-\tau)}w|d\zeta|^2$, 这里 w 是正的 C^∞ 函数, a 是一个实数. 如果 p_0 是 $g - \alpha_j(j \leqslant q-1)$ 的重数为 $m(\geqslant m_j)$ 的一个零点, 那么 g'_z 在 p_0 的重数为 $m - 1$, 同时 $f_z(p_0) \neq 0$. 在这种情形下,

$$a = m\left(1 - \frac{1}{m_j}\right)(1 - \eta - \delta) - (m - 1) \leqslant -(\eta + \delta) \leqslant -\epsilon_0.$$

如果 p_0 是 g 的 $m(\geqslant m_q)$ 重极点, 那么 g'_z 在 p_0 的重数为 $m+1$, 这时 p_0 也是 f_z 的重数为 $2m$ 的零点. 同样,

$$a = \frac{2m}{\tau} + m + 1 - m(\gamma - \eta_q)(1 - \eta - \delta) \leqslant -\epsilon_0.$$

对于满足 $g'_z(p_0) = 0, g(p_0) \neq \alpha_j$ 的点 p_0, 有 $a \leqslant -1$. 因而在 p_0 的一个邻域中, 存在一个正常数 C_4 使得 $d\sigma \geqslant C_4|\zeta|^{-\epsilon_0\tau/(1-\tau)}|d\zeta|$. 根据式 (1.4.8), 有

$$R = \int_\Gamma d\sigma \geqslant C_4 \int_\Gamma \frac{1}{|\zeta|^{\epsilon_0\tau/(1-\tau)}}|d\zeta| = +\infty,$$

这与式 (1.4.10) 矛盾, 从而当 t 趋于 1 时, $\Phi(\Gamma)$ 趋于 M 的边界.

接下来, 通过研究 Δ_R 上的度量 $\Phi^* \mathrm{d}s^2$ 来评估 $\Phi(\Gamma)$ 的长度. 在局部的意义下, Δ_R 上的坐标 z 可看成是 M' 上的局部坐标, 同时有 $\mathrm{d}\sigma^2 = |\mathrm{d}z|^2$. 由式 (1.4.9) 得

$$1 = |f_z|^{2/(1-\tau)} \left(\frac{1}{|g_z'|} \prod_{j=1}^{q-1} \left(\frac{|g - \alpha_j|}{(1 + |\alpha_j|^2)^{1/2}} \right)^{\eta_j(1-\eta-\delta)} \right)^{2\tau/(1-\tau)}.$$

因此,

$$|f_z| = \left(|g_z'| \prod_{j=1}^{q-1} \left(\frac{(1 + |\alpha_j|^2)^{1/2}}{|g - \alpha_j|} \right)^{\eta_j(1-\eta-\delta)} \right)^{\tau}. \tag{1.4.11}$$

利用推论 1.3, 有

$$\begin{aligned}
\Phi^* \mathrm{d}s &= |f_z|(1 + |g|^2)|\mathrm{d}z| \\
&= \left(|g_z'|(1 + |g|^2)^{1/\tau} \prod_{j=1}^{q-1} \left(\frac{(1 + |\alpha_j|^2)^{1/2}}{|g - \alpha_j|} \right)^{\eta_j(1-\eta-\delta)} \right)^{\tau} |\mathrm{d}z| \\
&= \left(\frac{|g_z'|}{1 + |g|^2} \frac{1}{\prod_{j=1}^{q} |g, \alpha_j|^{\eta_j(1-\eta-\delta)}} \right)^{\tau} |\mathrm{d}z| \\
&\leqslant C_2^{\tau} \left(\frac{2R}{R^2 - |z|^2} \right)^{\tau} |\mathrm{d}z|.
\end{aligned}$$

上式蕴含着

$$\begin{aligned}
d(p) &\leqslant \int_{\gamma} \mathrm{d}s = \int_{\Gamma} \Phi^* \mathrm{d}s \leqslant C_2^{\tau} \int_{\Gamma} \left(\frac{2R}{R^2 - |z|^2} \right)^{\tau} |\mathrm{d}z| \\
&= C_2^{\tau} \int_0^R \left(\frac{2R}{R^2 - x^2} \right)^{\tau} \mathrm{d}x \leqslant \frac{(2C_2)^{\tau} R^{1-\tau}}{1 - \tau}.
\end{aligned}$$

根据式 (1.4.10) 可得

$$d(p) \leqslant \frac{2C_2}{1 - \tau} \left(\frac{(1 + |g(0)|^2) \prod_{j=1}^{q} |g(0), \alpha_j|^{\eta_j(1-\eta-\delta)}}{|g_z'(0)|} \right)^{1-\tau}.$$

另外, 由式 (1.4.11) 可得点 p 处的曲率:

$$|\mathfrak{K}(p)|^{1/2} = \frac{2|g_z'(0)|}{|f_z|(1+|g(0)|^2)^2}$$

$$= \frac{2|g_z'(0)|}{(1+|g(0)|^2)^2} \left(\frac{(1+|g(0)|^2)^{\gamma(1-\eta-\delta)/2} \prod_{j=1}^{q} |g(0),\alpha_j|^{\eta_j(1-\eta-\delta)}}{|g_z'(0)|} \right)^{\tau}.$$

因为 $|g,\alpha_j| \leqslant 1$, 所以综合上述两式可整理得

$$|\mathfrak{K}(p)|^{1/2} d(p) \leqslant C_5 := \frac{4C_2}{1-\tau}.$$

根据 C_2 和 τ 的定义, 有

$$C_5 = \frac{4a_0^{\gamma\delta/2} C_3(2+\gamma\delta)}{\delta^{\gamma(1-\eta)}\gamma\delta \left[\dfrac{L}{2} \log(4a_0/L^2) \right]^{\gamma-1-\gamma\eta}}.$$

接下来讨论对 δ 进一步的选取: 选取足够小的 L_0 使得 $\delta = 1/\log(4a_0/L_0^2)$ 满足式 (1.4.7) 和式 (1.4.8). 对于每个正数 $L(\leqslant 1)$, 如果 $L \leqslant L_0$, 那么可以进一步选取更小的 $\delta = 1/\log(4a_0/L^2)$; 如果 $L_0 < L \leqslant 1$, 那么依然选择 $\delta = 1/\log(4a_0/L_0^2)$. 有了上述讨论, 常数 C_5 有以下估计:

$$C_5 \leqslant 2^{\gamma-\gamma\eta} C_3 a_0^{\gamma\delta/2} \max(1, A_0) \frac{\log^2(4a_0/L^2)}{L^{\gamma-1-\gamma\eta}},$$

这里

$$A_0 := \sup_{L_0 \leqslant x \leqslant 1} \left(\frac{1}{\delta_0 \log(4a_0/x^2)} \right)^{\gamma+1-\gamma\eta}.$$

进一步, 有

$$C_5 \leqslant \frac{C_6 \log^2(4a_0/L^2)}{L^{\gamma-1-\gamma\eta}} \leqslant C_7 \frac{\log^2(1/L)}{L^3 L^{2\gamma\delta}},$$

这里 C_6, C_7 是仅依赖 γ 的两个正常数. 另外, 当 $L_0 < L \leqslant 1$ 时, $L^{2\gamma\delta}$ 有一个正的下界; 对于 $L < L_0$ 的情形, $L^{2\gamma\delta}$ 会因为 δ 的选取存在一个正的下界. 事实上, 当 $L \to 0$ 时, $\log L^{2\gamma\delta} = 2\gamma \log L/\log(4a_0/L^2)$ 会趋于某一个常数, 这蕴含着 $L^{2\gamma\delta}$ 存在一个正的下界. 因此, 常数 C_7 可以被一些仅依赖于 m_j 的正常数所取代. 这就完成了定理 1.14 的证明. □

第 2 章　$\mathbb{R}^n$ 中极小曲面上推广型 Gauss 映射的值分布性质

R. Osserman 和 S. S. Chern 最早开始研究 $\mathbb{R}^n$ 中极小曲面上的 Gauss 映射的值分布性质 [1-4], 之后这方面的研究得到了包括 F. Xavier, H. Fujimoto 以及 M. Ru 在内的很多学者的关注, 同时涌现了很多有趣的成果 (参考文献 [5]~ [9]).

2.1　极小曲面上 Gauss 映射的 Picard 定理

假定 $X: M \to \mathbb{R}^n$ 是浸入在 $\mathbb{R}^n (n \geqslant 3)$ 中的可定向的、连通的极小曲面. 利用局部等温坐标 (u, v), 令 $z = u + \mathrm{i}v$, M 可被看作一个 Riemann 曲面. 用 G 表示 M 上推广型的 Gauss 映射, $G = \pi \circ (\partial x / \partial z)$ 将 M 映射到 $\mathbb{P}^{n-1}(\mathbb{C})$, 这里 π 是从 $\mathbb{C}^n \setminus \{0\}$ 到 $\mathbb{P}^{n-1}(\mathbb{C})$ 的典则投影映射. $G(M)$ 落在二次曲面 $Q_{n-2}(\mathbb{C}) \subset \mathbb{P}^{n-1}(\mathbb{C})$. 注意, 当 $n = 3$ 时, $Q_1(\mathbb{C})$ 等同于 Riemann 球面, 并且 G 可以被看作 M 上的亚纯函数.

R. Osserman 证明了 $\mathbb{R}^3$ 中完备、非平坦极小曲面上的 Gauss 映射至多不取 $Q_1(\mathbb{C})$ 中的对数测度为零的子集 [6]. S. S. Chern 和 R. Osserman 考虑了 $\mathbb{R}^n$ 中极小曲面上推广型 Gauss 映射的值分布性质. 他们证明了 $\mathbb{R}^n$ 中完备、非平坦极小曲面上 (推广型)Gauss 映射的像集在 $\mathbb{P}^{n-1}(\mathbb{C})$ 中是稠密的. 这意味着取不到的超平面集合至多是个零测集 [2]. 1983 年, H. Fujimoto 将其取不到的集合具体刻画为至多 n^2 个处于一般位置的超平面.

定理 2.1 (参考文献 [30])　设 M 为 $\mathbb{R}^n$ 中完备的极小曲面. 如果 M 上的 Gauss 映射是非退化的, 那么 Gauss 映射至多取不到 $\mathbb{P}^{n-1}(\mathbb{C})$ 中 n^2 个处于一般位置的超平面.

在上述定理中, 关于取不到超平面个数的最佳估计 $q(n)$ $(\leqslant n^2)$ 是一个很受关注的问题. 当 $n = 3$ 时, R. Osserman 证明了在 $\mathbb{R}^3$ 中存在完备的非平坦极小曲面, 其 Gauss 映射恰好不取球面上 4 个点 [6]. 这也说明了 $\mathbb{R}^3$ 中存在完备的极小曲面使得其非退化的 (推广型)Gauss 映射不取 $\mathbb{P}^2(\mathbb{C})$ 中 6 个处于一般位置的超平面. 对于 $Q_1(\mathbb{C})$ 中 4 个不同的点 $a_1, \cdots, a_4$, 存在 $\mathbb{P}^2(\mathbb{C})$ 中与之相关的 6 条处于一般位置的复直线 $H_1, \cdots, H_6$, 满足 $(\bigcup\limits_{i=1}^{6} H_i) \cap Q_1(C) = \{a_1, \cdots, a_4\}$. 事实上, $H_1 = \overline{a_1 a_1}, \cdots, H_4 = \overline{a_4 a_4}, H_5 = \overline{a_1 a_2}$ 以及 $H_6 = \overline{a_3 a_4}$. 这里, 当 $i = j$ 时, $\overline{a_i a_j}$ 表示 $Q_1(C)$ 在 a_i 点处的切线; 当 $i \neq j$ 时, $\overline{a_i a_j}$ 表示包含 a_i 和 a_j 的直线. 这蕴含着 $6 \leqslant q(3) \leqslant 9$.

设 f 是从单位圆盘 $D = \{z \in \mathbb{C} : |z| < 1\}$ 到 $\mathbb{P}^n(\mathbb{C})$ 中的全纯映射. 对于 $\mathbb{P}^n(\mathbb{C})$ 中的任意齐次坐标 $(w_1 : \cdots : w_{n+1})$, f 可以表示为 $f = (f_1 : \cdots : f_{n+1})$, 这里 $f_1, \cdots, f_{n+1}$ 是一些不全为 0 的全纯函数且满足

$$\|f\|^2 = |f_1|^2 + \cdots + |f_{n+1}|^2.$$

关于 f 的上述表示也被称作 f 的约化表示. 令

$$u(z) := \max_{1 \leqslant j \leqslant n+1} \log |f_j(z)|.$$

关于 f 的特征函数定义如下:

$$T(r, f) := \frac{1}{2\pi} \int_0^{2\pi} u(re^{i\theta}) \mathrm{d}\theta - u(0) \ (0 \leqslant r < 1).$$

对于 D 上的非零亚纯函数 φ, 渐近函数和计数函数分别定义为

$$m(r, \varphi) := \frac{1}{2\pi} \int_0^{2\pi} \log^+ |\varphi(re^{i\theta})| \mathrm{d}\theta,$$

$$N(r, \varphi) := \int_0^r \frac{n(t) - n(0)}{t} \mathrm{d}t + n(0) \log r \ (0 < r < 1),$$

这里 $\log^+ x = \max(\log x, 0), x \geqslant 0$, $n(t)$ 表示 φ 在 $\{z \in \mathbb{C} : |z| \leqslant t\}$ 中的零点个数 (计重数). 将函数 φ 看作 $\mathbb{P}^1(\mathbb{C})$ 中的全纯映射, 这样有 (参考文献 [15], [31])

$$T(r, \varphi) = m(r, \varphi) + N(r, \varphi) + O(1), \tag{2.1.1}$$

$$T\left(r, \frac{1}{\varphi}\right) = T(r, \varphi) + O(1).$$

进一步, 设全纯映射 $f : D \to \mathbb{P}^n(\mathbb{C})$ 的约化表示为 $f = (f_1 : \cdots : f_{n+1})$,

$$H_i : a_i^1 w_1 + \cdots + a_i^{n+1} w_{n+1} = 0 \ (i = 1, 2)$$

是 $\mathbb{P}^n(\mathbb{C})$ 中满足 $f(D) \not\subseteq H_i$ 的超平面, 那么关于亚纯函数 $\varphi := \dfrac{\sum\limits_{j=1}^{n+1} a_1^j f_j}{\sum\limits_{j=1}^{n+1} a_2^j f_j}$ 有 (参考文献 [31])

$$T(r, \varphi) \leqslant T(r, f) + O(1). \tag{2.1.2}$$

定义 2.1(参考文献 [30])　设全纯映射 $f : D \to \mathbb{P}^n(\mathbb{C})$ 是超越的, 如果 f 满足

$$\limsup_{r \to 1} \frac{T(r, f)}{\log \dfrac{1}{1-r}} = \infty.$$

根据值分布理论中的第二基本定理, 有以下结论.

定理 2.2(参考文献 [32], [33])　设全纯映射 $f : D \to \mathbb{P}^n(\mathbb{C})$ 是非退化的, 也就是说, f 的像集不包含在 $\mathbb{P}^n(\mathbb{C})$ 中的任何超平面中. 如果 f 不取 $n+2$ 个处于一般位置的超平面, 那么 f 不是超越的.

命题 2.1(参考文献 [30])　设 φ 是 D 上处处不取 0 的非超越全纯函数, 那么对于每个正整数 l, 存在正常数 K_0 满足

$$\int_0^{2\pi} \left| \frac{\mathrm{d}^{l-1}}{\mathrm{d}z^{l-1}} \left(\frac{\varphi'}{\varphi} \right) (re^{\mathrm{i}\theta}) \right| \mathrm{d}\theta \leqslant \frac{K_0}{(1-r)^l} \log \frac{1}{1-r} \ (0 < r < 1).$$

证明　根据假设条件, $\log |\varphi(z)|$ 是 D 上的调和函数, 因此, 对于任意的 $z = re^{\mathrm{i}\theta} \in D$ 以及常数 $R(r < R < 1)$, 有

$$\log |\varphi(z)| = \frac{1}{2\pi} \int_0^{2\pi} \log |\varphi(Re^{\mathrm{i}\phi})| \frac{R^2 - r^2}{R^2 - 2Rr\cos(\theta - \phi) + r^2} \mathrm{d}\phi.$$

选择 $\log \varphi(z)$ 的一个分支以及合适的实常数 C 使得

$$\log |\varphi(z)| = \frac{1}{2\pi} \int_0^{2\pi} \log |\varphi(Re^{\mathrm{i}\phi})| \frac{Re^{\mathrm{i}\phi} + z}{Re^{\mathrm{i}\phi} - z} \mathrm{d}\phi + \mathrm{i}C.$$

注意到

$$\frac{R^2 - r^2}{R^2 - 2Rr\cos(\theta - \phi) + r^2} = \mathrm{Re} \left(\frac{Re^{\mathrm{i}\phi} + re^{\mathrm{i}\phi}}{Re^{\mathrm{i}\phi} - re^{\mathrm{i}\phi}} \right).$$

对上述方程的两端进行 l 次微分,

$$\frac{\mathrm{d}^{l-1}}{\mathrm{d}z^{l-1}}\left(\frac{\varphi'}{\varphi}\right)(z) = \frac{l!}{\pi}\int_0^{2\pi}\log|\varphi(Re^{i\phi})|\frac{Re^{i\phi}}{(Re^{i\phi}-z)^{l+1}}\mathrm{d}\phi.$$

进一步可得

$$\int_0^{2\pi}|\frac{\mathrm{d}^{l-1}}{\mathrm{d}z^{l-1}}(\frac{\varphi'}{\varphi})(re^{i\theta})|\mathrm{d}\theta$$

$$\leqslant \frac{l!R}{\pi}\int_0^{2\pi}\mathrm{d}\theta\int_0^{2\pi}|\log|\varphi(Re^{i\phi})||\frac{1}{|Re^{i\phi}-re^{i\theta}|^{l+1}}\mathrm{d}\phi$$

$$= \frac{l!R}{\pi}\int_0^{2\pi}(|\log|\varphi(Re^{i\phi})||\int_0^{2\pi}\frac{1}{|Re^{i\phi}-re^{i\theta}|^{l+1}}\mathrm{d}\theta)\mathrm{d}\phi.$$

另外,

$$\int_0^{2\pi}\frac{\mathrm{d}\theta}{|Re^{i\phi}-re^{i\theta}|^{l+1}} = \int_0^{2\pi}\frac{\mathrm{d}\theta}{|R-re^{i\theta}|^{l+1}}$$

$$\leqslant \frac{1}{(R-r)^{l-1}}\int_0^{2\pi}\frac{\mathrm{d}\theta}{|R-re^{i\theta}|^2}$$

$$= \frac{2\pi}{(R-r)^{l-1}(R^2-r^2)}.$$

因为对于任意的 $x > 0$ 有 $|\log|x|| = \log^+ x + \log^+(1/x)$,所以由式 (2.1.1) 得到

$$\frac{1}{2\pi}\int_0^{2\pi}|\log|\varphi(Re^{i\phi})||\mathrm{d}\phi = m(R,\varphi) + m(R,1/\varphi) \leqslant 2T(R,\varphi) + O(1).$$

因为 φ 不是超越的,所以可以推导出

$$\int_0^{2\pi}\left|\frac{\mathrm{d}^{l-1}}{\mathrm{d}z^{l-1}}\left(\frac{\varphi'}{\varphi}\right)(re^{i\theta})\right|\mathrm{d}\theta = \frac{1}{(R-r)^l}O\left(\log\frac{1}{1-R}\right).$$

选取 $R = (l+r)/2$,可直接得到命题结论. $\qquad\square$

设 $f = (f_1 : \cdots : f_{n+1})$, $H_j : a_j^1 w_1 + \cdots + a_j^{n+1} w_{n+1} = 0$ $(1 \leqslant j \leqslant q)$ 表示 q 个处于一般位置的超平面. 令

$$F_j = (f, H_j) := a_j^1 f_1 + \cdots + a_j^{n+1} f_{n+1} \ (1 \leqslant j \leqslant q), \tag{2.1.3}$$

用 $W(f_1, \cdots, f_{n+1})$ 表示 $f_1, \cdots, f_{n+1}$ 的 Wronskian 行列式.

命题 2.2(参考文献 [30])　如果 f 不取 $q(> (n+1)^2)$ 个处于一般位置的超平面 $H_1, \cdots, H_q$, 那么存在正常数 K_1 使得

$$\int_0^{2\pi} \left| \frac{W(f_1, \cdots, f_{n+1})}{F_1 F_2 \cdots F_q}(re^{i\theta}) \right|^{2/(q-n-1)} \|f(re^{i\theta})\|^2 d\theta$$

$$\leqslant \frac{K_1}{(1-r)^p} \left(\log \frac{1}{1-r} \right)^p \quad (0 < r < 1),$$

这里 $p = n(n+1)/(q-n-1)$.

为了证明定理 2.1, 我们需要以下几个引理. 接下来的引理本质上是 H. Cartan 在文献 [31] 中得到的结果.

引理 2.1(参考文献 [30])　在与命题 2.2 相同的假设条件下, 存在正常数 K_2 使得

$$\left| \frac{W(f_1, \cdots, f_{n+1})}{F_1 F_2 \cdots F_q} \right| \|f\|^{q-n-1} \leqslant K_2 \left(\sum_{1 \leqslant i_1 < \cdots < i_{n+1} \leqslant q} \left| \frac{W(F_{i_1}, \cdots, F_{i_{n+1}})}{F_{i_1} \cdots F_{i_{n+1}}} \right| \right).$$

证明　选取任意的 $z \in \Delta$. 令 $i_1, \cdots, i_q$ 是指标 $1, 2, \cdots, q$ 的一个排列, 满足

$$|F_{i_1}(z)| \leqslant \cdots \leqslant |F_{i_{n+1}}(z)| \leqslant |F_{i_{n+2}}(z)| \leqslant \cdots \leqslant |F_{i_q}(z)|.$$

因为 $H_1, \cdots, H_q$ 处于一般位置, $f_1, \cdots, f_{n+1}$ 可以表示为 $F_{i_1}, \cdots, F_{i_{n+1}}$ 的线性组合, 所以可以找到不依赖 z 的正常数 $C_{i_1 \cdots i_{n+1}}$ 使得

$$|f_i(z)| \leqslant C_{i_1 \cdots i_{n+1}} \max_{1 \leqslant k \leqslant n+1} |F_{i_k}(z)| \leqslant C_{i_1 \cdots i_{n+1}} |F_{i_l}(z)|,$$

这里 $i = 1, \cdots, n+1$, $l = n+2, \cdots, q$. 进一步, 有

$$\|f(z)\| = \left(\sum_{i=1}^{n+1} |f_i(z)|^2 \right)^{1/2} \leqslant (n+1)^{1/2} C_{i_1 \cdots i_{n+1}} |F_{i_l}(z)|,$$

这里 $l = n+2, \cdots, q$. 因此,

$$\|f(z)\|^{q-n-1} \leqslant K_2' |F_{i_{n+2}}(n+2) \cdots F_{i_q}(z)|, \quad K_2' = \left[(n+1)^{1/2} C_{i_1 \cdots i_{n+1}} \right]^{q-n-1}.$$

另外, 对于常数 $a_{i_1 \cdots i_{n+1}} := \det(a_{i_k}^j : 1 \leqslant j, k \leqslant n+1)^{-1}$, 有

$$W(f_1, \cdots, f_{n+1}) := a_{i_1 \cdots i_{n+1}} W(F_{i_1}, \cdots, F_{i_{n+1}}).$$

令

$$K_2 := \max_{1 \leqslant i_1 < \cdots < i_{n+1} \leqslant q} C_{i_1 \cdots i_{n+1}} |a_{i_1 \cdots i_{n+1}}|,$$

从而有

$$\left| \frac{W(f_1, \cdots, f_{n+1})}{F_1 \cdots F_q}(z) \right| \|f(z)\|^{q-n-1}$$

$$\leqslant C_{i_1 \cdots i_{n+1}} |a_{i_1 \cdots i_{n+1}}| \left| \frac{W(F_{i_1}, \cdots, F_{i_{n+1}}) F_{i_{n+2}}, \cdots, F_{i_q}}{F_1 F_2 \cdots F_q}(z) \right|$$

$$\leqslant K_2 \left| \frac{W(F_{i_1}, \cdots, F_{i_{n+1}})}{F_{i_1} \cdots F_{i_{n+1}}}(z) \right|$$

$$\leqslant K_2 \left(\sum_{1 \leqslant i_1 < \cdots < i_{n+1} \leqslant q} \left| \frac{W(F_{i_1}, \cdots, F_{i_{n+1}})}{F_{i_1} \cdots F_{i_{n+1}}}(z) \right| \right).$$

引理得证. □

引理 2.2(参考文献 [30]) 设 $F_1, \cdots, F_{n+1}$ 是单位圆盘 D 上的非零全纯函数, 令 $\varphi_i := F_i/F_{n+1} (1 \leqslant i \leqslant n)$, 存在一个系数都是正实数并且不依赖 $F_1, \cdots, F_{n+1}$ 的多项式 $P(\cdots, u_{il}, \cdots)$, 使得

$$\left| \frac{W(F_1, \cdots, F_{n+1})}{F_1 \cdots F_{n+1}} \right| \leqslant P \left(\cdots, \left| \left(\frac{\varphi_i'}{\varphi_i} \right)^{(l-1)} \right|, \cdots \right).$$

如果向每个不定项 u_{il} 赋予权重 l, 即 u_{il}^l, 那么 P 将成为每项都是 $n(n+1)/2$ 次的齐次多项式.

证明 注意到

$$\frac{W(F_1, \cdots, F_{n+1})}{F_1 \cdots F_{n+1}} = (-1)^n \det \left(\frac{\varphi_i^{(l)}}{\varphi_i} : 1 \leqslant i, l \leqslant n \right)$$

$$= \sum_{(l_1, \cdots, l_{n+1})} (-1)^n \mathrm{sgn} \begin{pmatrix} 1 & 2 & \cdots & n+1 \\ l_1 & l_2 & \cdots & l_{n+1} \end{pmatrix} \frac{\varphi_1^{(l)}}{\varphi_1} \cdots \frac{\varphi_n^{(l_n)}}{\varphi_n}.$$

另外, 每项 $\varphi_i^{(l)}/\varphi_i$ 都可以表示为关于 $\varphi_i'/\varphi_i, (\varphi_i'/\varphi_i)', \cdots, (\varphi_i'/\varphi_i)^{(l-1)}$ 的多项式, 并且如果向 $(\varphi_i'/\varphi_i)^{(m-1)}$ 赋予权重 m, 那么该多项式可以被看作 l 次齐次多项式 (参考文献 [34] 中引理 4.2 的证明). 结合上述分析, 引理结论可直接被验证. □

引理 2.3 (参考文献 [30])　设 $\varphi_1, \cdots, \varphi_k$ 是 D 上处处不为 0 的全纯函数, $l_1, \cdots, l_k$ 是一些正整数, t 是一个满足 $kt < 1$ 的正实数. 假定 $\varphi_1, \cdots, \varphi_k$ 都是非超越的, 那么存在正常数 K_3 使得

$$\int_0^{2\pi} \left| \left(\left(\frac{\varphi_i'}{\varphi_i} \right)^{(l_1-1)} \cdots \left(\frac{\varphi_i'}{\varphi_i} \right)^{(l_1-1)} \right) (re^{i\theta}) \right|^t d\theta \leqslant \frac{K_3}{(1-r)^s} \left(\log \frac{1}{1-r} \right)^s \quad (0 < r < 1),$$

这里 $s = t(l_1 + l_2 + \cdots + l_k)$.

证明　为简化记号, 令 $\psi := (\varphi_j'/\varphi_j)^{(l_j-1)} (1 \leqslant j \leqslant k)$. 由 Hölder 不等式得

$$\int_0^{2\pi} |(\psi_1 \cdots \psi_k)(re^{i\theta})|^l d\theta \leqslant \left(\int_0^{2\pi} |\psi_1(re^{i\theta})|^{kt} d\theta \right)^{1/k} \cdots \left(\int_0^{2\pi} |\psi_k(re^{i\theta})|^{kt} d\theta \right)^{1/k}$$

以及

$$\int_0^{2\pi} |\psi_j(re^{i\theta})|^{kt} d\theta \leqslant (2\pi)^{1-kt} \left(\int_0^{2\pi} |\psi_j(re^{i\theta})| d\theta \right)^{kt}.$$

另外, 根据命题 2.1, 存在常数 K_3' 使得

$$\int_0^{2\pi} |\psi_j(re^{i\theta}) d\theta| \leqslant \frac{K_3'}{(1-r)^{l_j}} \log \frac{1}{1-r}.$$

因此,

$$\int_0^{2\pi} |(\psi_1 \cdots \psi_k)(re^{i\theta})|^t d\theta \leqslant \left(\left(\frac{K_3''}{(1-r)^{l_1+\cdots+l_k}} \left(\log \frac{1}{1-r} \right)^k \right)^{kt} \right)^{1/k}$$

$$\leqslant \frac{K_3}{(1-r)^s} \left(\log \frac{1}{1-r} \right)^s,$$

这里 K_3'', K_3 是常数. 引理 2.3 得证.　　　$\square$

命题 2.2 的证明　因为 $2/(q-n-1) < 1$, 由引理 2.1 知道, 存在常数 K_4 使得

$$\left| \frac{W(f_1, \cdots, f_{n+1})}{F_1 \cdots F_q} \right|^{2/(q-n-1)} \|f\|^2$$

$$\leqslant K_4 \left(\sum_{1 \leqslant i_1 < \cdots < i_{n+1} \leqslant q} \left| \frac{W(F_{i_1}, \cdots, F_{i_{n+1}})}{F_{i_1} \cdots F_{i_{n+1}}} \right|^{2/(q-n-1)} \right).$$

接下来只需证明对于任意一组数 $i_1, \cdots, i_{n+1}(1 \leqslant i_1 < \cdots < i_{n+1} \leqslant q)$，能够找到常数 K_4' 使得

$$\int_0^{2\pi} \left| \frac{W(F_{i_1}, \cdots, F_{i_{n+1}})}{F_{i_1} \cdots F_{i_{n+1}}} (re^{i\theta}) \right|^{\frac{2}{q-n-1}} \leqslant \frac{K_4'}{(1-r)^p} \left(\log \frac{1}{1-r} \right)^p. \tag{2.1.4}$$

不妨假设 $i_1 = 1, \cdots, i_{n+1} = n+1$. 根据引理 2.2, $\left| \frac{W(F_1, \cdots, F_{n+1})}{F_1 \cdots F_{n+1}} \right|$ 可以由函数

$$\left(\frac{\psi_{i_1}'}{\psi_{i_1}} \right)^{(l_1-1)} \cdots \left(\frac{\psi_{i_k}'}{\psi_{i_k}} \right)^{(l_k-1)} \tag{2.1.5}$$

来估计，这里 $1 \leqslant i_1, \cdots, i_k \leqslant n+1, l_1, \cdots, l_k$ 是一些满足 $l_1 + \cdots + l_k = n(n+1)/2$ 的正整数. 由定理 2.2, f 不是超越的, 再由式 (2.1.2) 可知 ψ_i 也不是超越的. 利用引理 2.3, 对函数 ψ (如式 (2.1.5) 所定义) 有

$$\int_0^{2\pi} |\psi(re^{i\theta})|^{2/(q-n-1)} d\theta \leqslant \frac{K_4''}{(1-r)^p} \left(\log \frac{1}{1-r} \right)^p.$$

这样可得式 (2.1.4), 命题 2.2 得证. $\qquad\square$

定理 2.1 的证明 设 M 是 $\mathbb{R}^n(n \geqslant 3)$ 中的完备极小曲面. 接下来只需要证明当 Gauss 映射 G 不取处于一般位置的超平面 $H_1, \cdots, H_q$ 时, G 是退化的. 取 M 的万有覆盖曲面 $\tilde{M}$, 我们可以把它看作 $\mathbb{R}^n$ 中的完备极小曲面. 不妨假设 $\tilde{M} = M$. 因为 $\mathbb{R}^n$ 中不存在非紧的极小曲面, 所以 M 双全纯于 $\mathbb{C}$ 或者单位圆盘 D.

对于 $M = \mathbb{C}$ 的情形, 根据 E. Borel 的经典结果, $G : \mathbb{C} \to \mathbb{P}^{n-1}(\mathbb{C}) \setminus \bigcup\limits_{i=1}^{q} H_i$ 是退化的[35].

考虑 $M = D$ 的情形. 假设 G 是非退化的. 首先曲面 M 上的、从 $\mathbb{R}^n$ 中诱导出的度量可以写成

$$d\sigma = 2\|f\|^2 du \wedge dv.$$

取约化表示 $G = (f_1 : \cdots : f_{n+1})$, 考虑函数 F_j (如式 (2.1.3) 所定义), 令

$$h = \left| \frac{W(f_1, \cdots, f_{n+1})}{F_1 F_2 \cdots F_q} \right|.$$

显然, $h \neq 0$, 且在除去 $\{z \in D : h(z) = 0\}$ 之外的点集上, 有 $\triangle \log h = 0$. 因为 M 是完备的、单连通的、非正曲率的, 所以由定理 1.5 得

$$\int_M h^{2/(q-n-q)}\mathrm{d}\sigma = 2\iint_D h^{2/(q-n-q)}\|f\|^2\mathrm{d}u\mathrm{d}v = \infty. \tag{2.1.6}$$

再由命题 2.2 以及 $p = n(n+l)/(q-n-1) < 1$, 有

$$\iint_D h^{2/(q-n-1)}\|f\|^2\mathrm{d}u\mathrm{d}v = \int_0^1 r\mathrm{d}r\left(\int_0^{2\pi} h(re^{\mathrm{i}\theta})^{2/(q-n-1)}\|f(re^{\mathrm{i}\theta})\|^2\mathrm{d}\theta\right)$$

$$\leqslant K_1\int_0^1 \frac{r}{(1-r)^p}\left(\log\frac{1}{1-r}\right)^p\mathrm{d}r < \infty.$$

这与式 (2.1.6) 相矛盾, 所以映射 G 是退化的. 定理 2.1 得证. $\qquad\square$

2.2　极小曲面上 Gauss 映射的非积分亏量关系

设 M 是开 Riemann 曲面, f 是从 M 到 $\mathbb{P}^n(\mathbb{C})$ 中的全纯映射. 对于 $\mathbb{P}^n(\mathbb{C})$ 中的任意齐次坐标 $(w_1 : \cdots : w_{n+1})$, 选取约化表示 $f = (f_1 : \cdots : f_{n+1})$, 这里 $f_1, \cdots, f_{n+1}$ 是一些不全为 0 的全纯函数, 满足

$$\|f\|^2 = |f_1|^2 + \cdots + |f_{n+1}|^2.$$

考虑超平面

$$H : a_1\omega_1 + \cdots + a_{n+1}\omega_{n+1} = 0,$$

f 在超平面上满足 $f(M) \not\subset H$. 利用全纯函数

$$F = a_1f_1 + \cdots + a_{n+1}f_{n+1}, \tag{2.2.1}$$

可定义 $f(M)$ 和 H 在 $f(p)$ 处的交叉重数:

$$\nu^f(H)(p) = \begin{cases} 0, & \text{如果 } F(p) \neq 0, \\ m, & \text{如果 } F \text{ 在 } p \text{ 点有 } m \text{ 重零点}. \end{cases}$$

2.2.1 $\mathbb{P}^n(\mathbb{C})$ 中全纯映射的亏量关系

定义 2.2(参考文献 [18]) 对于任意固定的正整数 μ_0, f 关于 H 的非积分亏量为

$$\delta_{\mu_0}^f(H) := 1 - \inf\{\eta \geqslant 0 : \eta \text{ 满足条件}(*)\}.$$

这里条件 $(*)$ 表示 M 上存在非负光滑函数 ν 使得 $u = \log\nu$ 是次调和的以及 $\log\nu \leqslant \eta \log\|f\|$, 同时在每一点 $p \in f^{-1}(H)$ 的小邻域处,

$$u(\zeta) - \min(\nu^f(H)(p), \mu_0) \log|\zeta - \zeta(p)|$$

是次调和的, ζ 是 p 点邻域处的局部全纯坐标.

命题 2.3(参考文献 [18]) 如果 M 上存在非零的有界全纯函数 g 使得在每一点 $p \in f^{-1}(H)$, g 有重数至少为 $\min(\nu^f(H)(p), \mu_0)$ 的零点, 特别地, 如果 $f(M) \cap H = \varnothing$, 那么 $\delta_{\mu_0}^f(H) = 1$.

证明 选取常数 K 使得 $|g| \leqslant K$, 令 $\eta := 0, \nu := |g/K|$, 容易验证其满足定义 2.2 中的条件, 命题得证. □

命题 2.4(参考文献 [18]) 如果存在正整数 $\mu > \mu_0$ 使得对于每点 $p \in f^{-1}(H)$ 有 $\nu^f(H)(p) \geqslant \mu$, 那么 $\delta_{\mu_0}^f(H) \geqslant 1 - \mu_0/\mu$.

证明 考虑函数 F(如式 (2.2.1) 所定义), 令 $\eta := \mu_0/\mu, u := (\mu_0/\mu) \log|F/K|$, 这里常数 K 满足 $|F| \leqslant K\|f\|$, 即 u 满足定义 2.2 中的条件. 在每点 $p \in f^{-1}(H)$ 的邻域, u 可以写成

$$u(\zeta) = u_0(\zeta) + \frac{\mu_0 \nu^f(H)(P)}{\mu} \log|\zeta - \zeta(p)|,$$

u_0 是次调和函数, 且根据假设条件, 有

$$\frac{\mu_0 \nu^f(H)(p)}{\mu} \geqslant \mu_0 \geqslant \min(\nu^f(H)(p), \mu_0).$$

这蕴含着命题成立. □

对于从 $\Delta(R_0) = \{|z| < R_0\}(R_0 \leqslant +\infty)$ 到 $\mathbb{P}^n(\mathbb{C})$ 的全纯映射 f 以及 $\mathbb{P}^n(\mathbb{C})$ 中的超平面 H, 如果满足 $f(\Delta(R_0)) \not\subset H$ 与 $\lim\limits_{r \to R_0} T(r, f) = \infty$, 那么映射 f 关于 H 的亏量通常定义为 $\liminf\limits_{r \to R_0}(1 - N(r, H)/T(r, f))$. 考虑新的亏量

$$\delta_{\mu_0}^*(H) := \liminf_{r \to R_0} \left(1 - \frac{N_{\mu_0}(r, H)}{T(r, f)} \right),$$

其中 $N_{\mu_0}(r, H)$ 定义如下：

$$N_{\mu_0}(r, H) := \int_0^r \frac{n_{\mu_0}(t) - n_{\mu_0}(0)}{t} \mathrm{d}t + n_{\mu_0}(0) \log r,$$

这里 $n_{\mu_0} = \sum_{|z| \leqslant t} \min(\nu^f(H)(z), \mu_0)$.

命题 2.5(参考文献 [18])　对于任意的正整数 μ_0,

$$0 \leqslant \delta_{\mu_0}^f(H) \leqslant \delta_{\mu_0}^*(H) \leqslant 1.$$

证明　令 F 如式 (2.2.1) 所定义的那样, 则存在常数 K 满足 $|F| \leqslant K\|f\|$. 如果选择 $\eta := 1$ 以及 $u := \log|F/K|$, 那么 u 满足定义 2.2 的条件, 这蕴含着 $\delta_{\mu_0}^f(H) \geqslant 0$. 为验证 $\delta_{\mu_0}^f(H) \leqslant \delta_{\mu_0}^*(H)$, 选取满足定义 2.2 中条件的 $\eta \geqslant 0$ 以及次调和函数 u. 因此, 容易得到

$$\frac{1}{2\pi} \int_0^{2\pi} u(r e^{\sqrt{-1}\theta}) \mathrm{d}\theta \leqslant \frac{\eta}{2\pi} \int_0^{2\pi} \log\|f(r e^{\sqrt{-1}\theta})\| \mathrm{d}\theta \ (0 < r < R).$$

另外,

$$\frac{1}{2\pi} \int_0^{2\pi} \log\|f(r e^{\sqrt{-1}\theta})\| \mathrm{d}\theta \leqslant T(r, f) + O(1).$$

再者,

$$N_{\mu_0}(r, H) \leqslant \frac{1}{2\pi} \int_0^{2\pi} u(r e^{\sqrt{-1}\theta}) \mathrm{d}\theta + O(1).$$

因此, 有如下估计式

$$\limsup_{r \to R_0} \frac{N_{\mu_0}(r, H)}{T(r, f)} = \limsup_{r \to R_0} \frac{\eta T(r, f) + O(1)}{T(r, f)} \leqslant \eta.$$

选择 η 的下确界, 再由事实 $\delta_{\mu_0}^*(H) \leqslant 1$ 可直接得到命题结论.　□

定理 2.3(参考文献 [31])　设 $f : \Delta(R_0) = \{z : |z| < R_0\}(R_0 \leqslant +\infty) \to \mathbb{P}^n(\mathbb{C})$ 是非退化的全纯映射, $H_1, \cdots, H_q$ 是处于一般位置的超平面. 如果 R_0 满足下列两种情形之一:

(i) $R_0 = \infty$;

(ii) $R_0 < \infty$, $\limsup\limits_{r \to R_0} T(r, f)/(-\log(R_0 - r)) = \infty$,

那么

$$\sum_{j=1}^{q} \delta_n^*(H_j) \leqslant n + 1.$$

注 2.1(参考文献 [18])　由命题 2.5 知道, 上述定理中的 $\delta_n^*(H_j)$ 可以被替换成非积分亏量 $\delta_n^f(H_j)$.

2.2.2　$\mathbb{P}^{n_1 \cdots n_k}(\mathbb{C})$ 中全纯映射的亏量关系

考虑带有共形度量 $\mathrm{d}s^2$ 的开 Riemann 曲面以及全纯映射 $f = (f_1, \cdots, f_k)$: $M \to \mathbb{P}^{n_1 \cdots n_k}(\mathbb{C}) := \mathbb{P}^{n_1}(\mathbb{C}) \times \cdots \times \mathbb{P}^{n_k}(\mathbb{C})$.

定义 2.3(参考文献 [18])　映射 f 被称为非退化的是指每个分量 f_i 是非退化的, 即 $f_i(M)$ 不包含在 $\mathbb{P}^{n_i}(\mathbb{C})$ 的任何超平面中.

选取约化表示 $f_i = (f_{i1} : \cdots : f_{in_i+1})$, 令 $\|f_i\| = (|f_{i1}|^2 + \cdots + |f_{in_i+1}|^2)^{1/2}$.

定义 2.4(参考文献 [18])　设 $\rho_1, \cdots, \rho_k$ 是一些正数, f 满足条件 $(C_{\rho_1 \cdots \rho_k})$ 指的是存在 M 上的次调和函数 u 使得 e^u 是 C^∞ 的以及

$$\lambda \mathrm{e}^u \leqslant \|f_1\|^{\rho_1} \cdots \|f_k\|^{\rho_k},$$

这里 λ 是 M 上满足 $\mathrm{d}s^2 = \lambda^2 |\mathrm{d}z|^2$ 的正实值函数.

容易看出, 上述条件并不依赖约化表示和度量 $\mathrm{d}s^2$ 的选取.

定理 2.4(参考文献 [18])　设 M 是带有完备共形度量 $\mathrm{d}s^2$ 的开 Riemann 曲面, 其面积无限. $f : M \to \mathbb{P}^{n_1 \cdots n_k}(\mathbb{C})$ 是非退化的、满足 $(C_{\rho_1 \cdots \rho_k})$ 条件的全纯映射. 对每个 $i(1 \leqslant i \leqslant k)$, 选取 $\mathbb{P}^{n_i}(\mathbb{C})$ 中处于一般位置的超平面 $H_{i1}, \cdots, H_{iq_i}$. 如果对每个 $i(1 \leqslant i \leqslant l)$, 有

$$\sum_{j=1}^{q_{i_0}} \delta_{n_{i_0}}^{f_{i_0}}(H_{i_0 j}) > n_{i_0} + 1,$$

那么

$$\sum_{i=1}^{k} \frac{\rho_i n_i (n_i + 1)}{\delta_{n_i}^{f_i}(H_{i1}) + \cdots + \delta_{n_i}^{f_i}(H_{iq_i}) - n_i - 1} \geqslant 1.$$

注 2.2(参考文献 [18])　定理 2.4 中 (M, ds^2) 需要满足的性质其实是: 对于 M 上任意的光滑次调和函数 $u(\not\equiv -\infty)$, 有 $\displaystyle\int_M e^u d\sigma = \infty$ 成立. 我们可以根据 (M, ds^2) 的完备性、面积无限条件以及文献 [14] 中的结论直接验证这个性质.

为了证明定理 2.4, 需要以下一些结果.

命题 2.6(参考文献 [18])　设 φ 是 Δ 上非零的亚纯函数, l 是正整数, p, p', r_0 是一些满足 $0 < pl < p' < 1, 0 < r_0 < 1$ 的实数, 那么存在正整数 K 对任意的 $r_0 < r < R < 1$,

$$\frac{1}{2\pi} \int_0^{2\pi} \left| \frac{d^{l-1}}{dz^{l-1}} \left(\frac{\varphi'}{\varphi} \right) \left(re^{\sqrt{-1}\theta} \right) \right|^p d\theta \leqslant K \left(\frac{T(R, \varphi)}{R - r} \right)^{p'}. \tag{2.2.2}$$

关于上述命题的证明, 需要下面的引理.

引理 2.4(参考文献 [18])　设 φ 是 Δ 上非零的亚纯函数, l 是正整数. 用 $a_\mu(\mu = 1, 2, \cdots)$ 和 $b_\nu(\nu = 1, 2, \cdots)$ 分别表示函数 φ 的零点和极点(若某个零点或者极点的重数是 m, 则该点将重复出现 m 次). 如果 $|z| = r < \rho < 1$, $\varphi(z) \neq 0, \infty$, 那么

$$\begin{aligned}
\frac{d^{l-1}}{dz^{l-1}} \left(\frac{\varphi'}{\varphi} \right) (z) = {} & \frac{l! \rho}{\pi} \int_0^{2\pi} \frac{\log |\varphi(pe^{\sqrt{-1}\phi})| e^{\sqrt{-1}\phi}}{(\rho e^{\sqrt{-1}\phi} - z)^{l+1}} d\phi - \\
& (l-1)! \sum_{|a_\mu| < \rho} \left\{ \frac{1}{(a_\mu - z)^l} - \frac{\overline{a}_\mu^l}{(\rho^2 - \overline{a}_\mu z)^l} \right\} - \\
& (l-1)! \sum_{|b_\nu| < \rho} \left\{ \frac{1}{(b_\nu - z)^l} - \frac{\overline{b}_\nu^l}{(\rho^2 - \overline{b}_\nu z)^l} \right\}.
\end{aligned}$$

上述结果可通过对著名的 Poisson-Jensen 公式进行微分获得, 具体细节可参考文献 [15] 第 22 页.

引理 2.5(参考文献 [18])　设 $r > 0, 0 < p < 1$. 对任意的点 $a \in \mathbb{C}$,

$$\int_0^{2\pi} \frac{r^p}{|re^{\sqrt{-1}\theta} - a|^p} d\theta \leqslant \frac{\pi(2 - p)}{1 - p}.$$

证明　不失一般性, 可假设 a 是一个正的实数. 如果 $|\theta| \leqslant \pi/2$, 则

$$|re^{\sqrt{-1}\theta} - a| \geqslant r|\sin\theta| \geqslant \frac{2}{\pi} r|\theta|.$$

如果 $\pi/2 < |\theta| \leqslant \pi$, 则 $|re^{\sqrt{-1}\theta} - a| \geqslant r$. 因此,

$$\int_0^{2\pi} \frac{r^p}{|re^{\sqrt{-1}\theta} - a|^p} \mathrm{d}\theta \leqslant 2\int_0^{\pi/2} \left(\frac{\pi}{2\theta}\right)^p \mathrm{d}\theta + 2\int_{\pi/2}^{\pi} \mathrm{d}\theta$$

$$\leqslant \frac{2^{1-p}\pi^p}{1-p}\left(\frac{\pi}{2}\right)^{1-p} + \pi = \frac{\pi(2-p)}{1-p}. \qquad \square$$

命题 2.6 的证明 用 $K_i(i = 1, 2, \cdots)$ 表示一些合适的常数. 因为式 (2.2.2) 的两边都是关于 r 的连续函数, 故可假设 φ 在 $\{|z| = r\}$ 上没有零点和极点. 利用 Hölder 不等式, 有

$$\frac{1}{2\pi}\int_0^{2\pi}\left|\frac{\mathrm{d}^{l-1}}{\mathrm{d}z^{l-1}}\left(\frac{\varphi'}{\varphi}\right)(re^{\sqrt{-1}\theta})\right|^p \mathrm{d}\theta$$

$$\leqslant \left(\frac{1}{2\pi}\int_0^{2\pi}\left|\frac{\mathrm{d}^{l-1}}{\mathrm{d}z^{l-1}}\left(\frac{\varphi'}{\varphi}\right)(re^{\sqrt{-1}\theta})\right|^{p/p'} \mathrm{d}\theta\right)^{p'}.$$

为估计不等式的右边, 令 $\rho = (R + r)/2$, 同时应用引理 2.4. 当 $|z| = r$ 时,

$$\left|\frac{\mathrm{d}^{l-1}}{\mathrm{d}z^{l-1}}\left(\frac{\varphi'}{\varphi}\right)(z)\right| \leqslant \frac{l!\rho}{\pi}\int_0^{2\pi}\frac{|\log|\varphi(\rho e^{\sqrt{-1}\theta})||}{|\rho e^{\sqrt{-1}\phi} - z|^{l+1}}\mathrm{d}\phi +$$

$$(l-1)! \sum_{|a_\mu|<\rho}\left\{\frac{1}{|a_\mu - z|^l} + \frac{|a_\mu|^l}{|\rho^2 - \overline{a}_\mu z|^l}\right\} +$$

$$(l-1)! \sum_{|b_\nu|<\rho}\left\{\frac{1}{|b_\nu - z|^l} + \frac{|b_\nu|^l}{|\rho^2 - \overline{b}_\nu z|^l}\right\}.$$

进一步, 有

$$\left|\frac{\mathrm{d}^{l-1}}{\mathrm{d}z^{l-1}}\left(\frac{\varphi'}{\varphi}\right)(re^{\sqrt{-1}\theta})\right|^{p/p'}$$

$$\leqslant \left(\frac{l!\rho}{\pi}\int_0^{2\pi}\frac{|\log|\varphi(\rho e^{\sqrt{-1}\phi})||}{|\rho e^{\sqrt{-1}\phi} - re^{\sqrt{-1}\theta}|^{l+1}}\mathrm{d}\phi\right)^{p/p'} +$$

$$\frac{(l-1)!}{r^{pl/p'}}\sum_{|a_\mu|<\rho}\left\{\left|\frac{r}{a_\mu - re^{\sqrt{-1}\theta}}\right|^{pl/p'} + \left|\frac{r}{(\rho^2/\overline{a}_\mu) - re^{\sqrt{-1}\theta}}\right|^{pl/p'}\right\} +$$

$$\frac{(l-1)!}{r^{pl/p'}}\sum_{|b_\nu|<\rho}\left\{\left|\frac{r}{b_\nu - re^{\sqrt{-1}\theta}}\right|^{pl/p'} + \left|\frac{r}{(\rho^2/\overline{b}_\nu) - re^{\sqrt{-1}\theta}}\right|^{pl/p'}\right\}.$$

上面的每一式关于 θ 进行积分, 利用引理 2.5 有

$$\frac{1}{2\pi}\int_0^{2\pi}\left|\frac{\mathrm{d}^{l-1}}{\mathrm{d}z^{l-1}}\left(\frac{\varphi'}{\varphi}\right)\left(r\mathrm{e}^{\sqrt{-1}\theta}\right)\right|^p\mathrm{d}\theta$$

$$\leqslant K_1\left(\int_0^{2\pi}\mathrm{d}\theta\left(\int_0^{2\pi}\frac{|\log|\varphi(\rho\mathrm{e}^{\sqrt{-1}\phi})||}{|\rho\mathrm{e}^{\sqrt{-1}\phi}-r\mathrm{e}^{\sqrt{-1}\theta}|^{l+1}}\mathrm{d}\phi\right)^{p/p'}\right)^{p'}+K_2(n(\rho,\varphi)+n(\rho,1/\varphi))^{p'}$$

$$\leqslant K_3\left(\int_0^{2\pi}\mathrm{d}\theta\int_0^{2\pi}\frac{|\log|\varphi(\rho\mathrm{e}^{\sqrt{-1}\phi})||}{|\rho\mathrm{e}^{\sqrt{-1}\phi}-r\mathrm{e}^{\sqrt{-1}\theta}|^{l+1}}\mathrm{d}\phi\right)^p+K_2(n(\rho,\varphi)^{p'}+n(\rho,1/\varphi)^{p'}).$$

另外,

$$\int_0^{2\pi}\frac{\mathrm{d}\theta}{|\rho\mathrm{e}^{\sqrt{-1}\phi}-r\mathrm{e}^{\sqrt{-1}\theta}|^{l+1}}\leqslant\frac{1}{(\rho-r)^{l-1}}\int_0^{2\pi}\frac{\mathrm{d}\theta}{|\rho-r\mathrm{e}^{\sqrt{-1}\theta}|^2}$$

$$=\frac{2\pi}{(\rho-r)^{l-1}(\rho^2-r^2)},$$

$$\frac{1}{2\pi}\int_0^{2\pi}|\log|\varphi\left(\rho\mathrm{e}^{\sqrt{-1}\phi}\right)||\mathrm{d}\phi=m(\rho,\varphi)+m(\rho,1/\varphi)$$

$$\leqslant 2T(\rho,\varphi)+K_4.$$

因此, 根据 $\rho=(R+r)/2<R,\rho-r=(R-r)/2$ 以及 $T(r,\varphi)$ 是关于 r 的非减函数可推出

$$\frac{1}{2\pi}\int_0^{2\pi}\mathrm{d}\theta\int_0^{2\pi}\frac{|\log|\varphi(\rho\mathrm{e}^{\sqrt{-1}\phi})||}{|\rho\mathrm{e}^{\sqrt{-1}\phi}-r\mathrm{e}^{\sqrt{-1}\theta}|^{l+1}}\mathrm{d}\phi$$

$$=\int_0^{2\pi}|\log|\varphi(\rho\mathrm{e}^{\sqrt{-1}\phi})||\mathrm{d}\phi\frac{1}{2\pi}\int_0^{2\pi}\int_0^{2\pi}\frac{\mathrm{d}\theta}{|\rho\mathrm{e}^{\sqrt{-1}\phi}-r\mathrm{e}^{\sqrt{-1}\theta}|^{l+1}}$$

$$\leqslant\frac{1}{(\rho-r)^l(\rho+r)}\int_0^{2\pi}|\log|\varphi(\rho\mathrm{e}^{\sqrt{-1}\phi})||\mathrm{d}\phi$$

$$\leqslant\frac{K_5}{(R-r)^l}T(R,\varphi).$$

关于 $n(\rho,\varphi)^{p'}$ 和 $n(\rho,1/\varphi)^{p'}$, 由计数函数的定义 (见文献 [15] 第 37 页) 可得

$$n(\rho,\varphi^{\pm1})\leqslant\frac{R}{R-\rho}(N(R,\varphi^{\pm1})+K_6)$$

$$\leqslant \frac{R}{R-\rho}(T(R,\varphi)+K_6)$$

$$\leqslant \frac{2}{R-r}(T(R,\varphi)+K_6),$$

整理可得

$$\int_0^{2\pi}\left|\frac{\mathrm{d}^{l-1}}{\mathrm{d}z^{l-1}}\left(\frac{\varphi'}{\varphi}\right)(re^{\sqrt{-1}\theta})\right|^p\mathrm{d}\theta\leqslant K_7\frac{T(R,\varphi)^p}{(R-r)^{pl}}+K_8\left(\frac{T(R,\varphi)}{R-r}\right)^{p'}$$

$$\leqslant K_9\left(\frac{T(R,\varphi)}{R-r}\right)^{p'}. \qquad \square$$

命题 2.7(参考文献 [18]) 选取正数 t,p',r_0 使得 $0<n(n+1)t/2<p'<1$, $0<r_0<1$. 存在常数 K 使得对于 $r_0<r<R<1$,

$$\int_0^{2\pi}\left|\frac{W(f_1,\cdots,f_{n+1})}{F_1F_2\cdots F_q}\right|^t\|f\|^{t(q-n-1)(re^{\sqrt{-1}\theta})}\mathrm{d}\theta\leqslant K\left(\frac{T(r,f)}{R-r}\right)^{P'},$$

这里 $\|f\|=(|f_1|^2+\cdots+|f_{n+1}|^2)^{1/2}$.

引理 2.6(参考文献 [18]) 设 $\varphi_1,\cdots,\varphi_k$ 是 Δ 上的非零亚纯函数, $l_1,\cdots,l_k$ 是一些正整数, $0<r_0<1,0<t(l_1+\cdots+l_k)<p'<1$, 那么存在正常数 K_2 使得对 $r_0<r<R<1$ 有

$$\int_0^{2\pi}\left|\left(\frac{\varphi_1'}{\varphi_1}\right)^{(l_1-1)}(re^{\sqrt{-1}\theta})\cdots\left(\frac{\varphi_k'}{\varphi_k}\right)^{(l_k-1)}(re^{\sqrt{-1}\theta})\right|^t\mathrm{d}\theta$$

$$\leqslant \frac{K_2}{(R-r)^{p'}}T(R,\varphi_1)^{p'S_1\cdots}T(R,\varphi_k)^{p'S_k},$$

这里 $s_j:=l_j/(l_1+\cdots+l_k),1\leqslant j\leqslant k$.

证明 根据推广的 Hölder 不等式, 有

$$\int_0^{2\pi}\left|\left(\frac{\varphi_1'}{\varphi_1}\right)^{(l_1-1)}(re^{\sqrt{-1}\theta})\cdots\left(\frac{\varphi_k'}{\varphi_k}\right)^{(l_k-1)}(re^{\sqrt{-1}\theta})\right|^t\mathrm{d}\theta$$

$$\leqslant \prod_{j=1}^k\left(\int_0^{2\pi}\left|\left(\frac{\varphi_j'}{\varphi_j}\right)^{(l_j-1)}(re^{\sqrt{-1}\theta})\right|^{t/s_j}\mathrm{d}\theta\right)^{s_j}.$$

因为 $l_j(t/s_j) = t(l_1 + \cdots + l_k) < p' < 1$, 利用命题 2.6 可证明对于每个 $j = 1, 2, \cdots, k$, 有

$$\left(\int_0^{2\pi} \left| \left(\frac{\varphi_j'}{\varphi_j} \right)^{(l_j-1)} (re^{\sqrt{-1}\theta}) \right|^{t/s_j} d\theta \right)^{s_j} \leqslant K_3 \left(\frac{T(R, \varphi_j)}{R-r} \right)^{p's_j}.$$

因为 $s_1 + \cdots + s_k = 1$, 故引理得证. $\qquad\square$

命题 2.7 的证明 因为 $t < 1$, 所以由引理 2.1 知

$$\left| \frac{W(f_1, \cdots, f_{n+1})}{F_1 F_2 \cdots F_q} \right|^t \|f\|^{t(q-n-1)} \leqslant K_4 \left(\sum_{1 \leqslant i_1 < \cdots < i_{n+1} \leqslant q} \left| \frac{W(F_{i_1}, \cdots, F_{i_{n+1}})}{F_{i_1} \cdots F_{i_{n+1}}} \right|^t \right).$$

接下来, 只需要证明对于任意满足 $1 \leqslant i_1 < \cdots < i_{n+1} \leqslant q$ 的 $i_1, \cdots, i_{n+1}$, 有

$$\int_0^{2\pi} \left| \frac{W(F_{i_1}, \cdots, F_{i_{n+1}})}{F_{i_1} \cdots F_{i_{n+1}}} \right|^t (re^{\sqrt{-1}\theta}) d\theta \leqslant K_5 \left(\frac{T(r, f)}{R-r} \right)^{p'}.$$

令 $\varphi_j := F_{i_j}/F_{i_{n+1}}$, $\psi_{j,l} := (\varphi_j'/\varphi_j)^{(l-1)}$. 由引理 2.2 知道, $\left| \frac{W(F_{i_1}, \cdots, F_{i_{n+1}})}{F_{i_1} \cdots F_{i_{n+1}}} \right|$ 可以被

$$\psi = |\psi_{j_1, l_1} \psi_{j_2, l_2} \cdots \psi_{j_k, l_k}| \tag{2.2.3}$$

这种类型的函数来估计, 这里 $1 \leqslant j_1, j_2, \cdots, j_k \leqslant n$, $l_1 + l_2 + \cdots + l_k = n(n+1)/2$. 对函数 $\varphi_{j_1}, \cdots, \varphi_{j_k}$ 应用引理 2.6, 则由式 (2.2.3) 定义的 ψ, 有

$$\int_0^{2\pi} \left| \psi(re^{\sqrt{-1}\theta}) \right|^t d\theta \leqslant \frac{K_6}{(R-r)^{p'}} T(R, \varphi_1)^{p's_1} \cdots T(R, \varphi_k)^{p's_k}.$$

另外, 因为 $s_1 + \cdots + s_k = 1$, 所以不等式的右边可以被替换成 $K_7 \left(\frac{T(R,f)}{R-r} \right)^{p'}$. 命题 2.7 得证. $\qquad\square$

命题 2.8 (参考文献 [31]) 设 $f : \Delta(R_0) \to \mathbb{P}^n(\mathbb{C})$ 是非退化的全纯映射, 其约化表示 $f = (f_1 : \cdots : f_{n+1})$. 函数 $F_1, \cdots, F_q$ 如式 (2.2.1) 所定义的那样, $H_1, \cdots, H_q$ 是处于一般位置的超平面, 那么亚纯函数 $\frac{W(f_1, \cdots, f_{n+1})}{F_1 F_2 \cdots F_q}$ 在任意点 p 处的极点重数不大于 $\sum_{j=1}^q \min(\nu^f(H_j)(p), n)$.

命题 2.9(参考文献 [15])　假设 $T(r)(0 \leqslant r < 1)$ 是满足 $T(r) \geqslant 1$ 的连续递增函数, 那么存在集合 $E_0 = \overset{\infty}{\underset{\nu=1}{\cup}}[r_\nu, r'_\nu](r'_{\nu-1} < r_\nu \leqslant r'_\nu \leqslant 1)$ 使得 $\int_{E_0} \frac{\mathrm{d}r}{1-r} \leqslant 2$, 且在除去 E_0 之外的集合上, 有

$$T\left(r + \frac{1-r}{\mathrm{e}T(r)}\right) \leqslant 2T(r).$$

命题 2.10(参考文献 [18])　假设 $T(r)$ 是 $[0,1)$ 上的正实值函数, 在 E_0 上满足

$$T(r) \leqslant \frac{1}{(1-r)^p},$$

这里 $E_0 = \overset{\infty}{\underset{\nu=1}{\cup}}[r_\nu, r'_\nu](r'_{\nu-1} < r_\nu \leqslant r'_\nu)$ 满足 $\int_{E_0} \frac{\mathrm{d}r}{1-r} < \infty$, p 是正数, 则存在正常数 K 使得对每个 $r \in [0,1)$ 有

$$T(r) \leqslant \frac{K}{(1-r)^p}.$$

证明　不妨假设 $T(r)$ 是单调递增的函数, 不然可用函数 $T^*(r) = \underset{r' \leqslant r}{\sup} T(r')$ 来替换 $T(r)$. 根据假设条件, 有

$$\sum_\nu \int_{r_\nu}^{r'_\nu} \frac{\mathrm{d}r}{1-r} = \sum_\nu \log \frac{1-r_\nu}{1-r'_\nu} = K_0 < \infty.$$

如果 $r_\nu \leqslant r \leqslant r'_\nu$, 那么

$$\begin{aligned}
T(r) &\leqslant \frac{1}{(1-r'_\nu)^p} = \frac{1}{(1-r_\nu)^p}\left(\frac{1-r_\nu}{1-r'_\nu}\right)^p \\
&\leqslant \frac{\mathrm{e}^{pK_0}}{(1-r_\nu)^p} \leqslant \frac{\mathrm{e}^{pK_0}}{(1-r)^p}.
\end{aligned}$$

只需要取 $K = \mathrm{e}^{pK_0}$, 命题 2.10 便可得证. □

定理 2.4 的证明　设 M 是带有共形度量 $\mathrm{d}s^2$ 的开 Riemann 曲面, 全纯映射 $f = (f_1, \cdots, f_k) : M \to \mathbb{P}^{n_1 \cdots n_k}(\mathbb{C})$, $H_{ij}(1 \leqslant i \leqslant k, 1 \leqslant j \leqslant q_i)$ 是满足定理 2.4 中条件的处于一般位置的超平面. 考虑万有覆盖曲面 $\tilde{\omega} : \tilde{M} \to M$, 其度量 $\mathrm{d}\tilde{s}^2 = \tilde{\omega}^* \mathrm{d}s^2$, 以及 $\tilde{M}$ 上的映射 $\tilde{f} = (\tilde{f}_1, \cdots, \tilde{f}_k) :\to \tilde{M} \to \mathbb{P}^{n_1 \cdots n_k}(\mathbb{C})$, 这里

$\tilde{f}_i = \tilde{\omega} \cdot f_i$. 显然, $(\tilde{M}, \mathrm{d}\tilde{s}^2)$ 和 $\tilde{f}$ 满足定理 2.4 的条件且 $\delta_{n_i}^{f_i}(H_{ij}) \leqslant \delta_{n_i}^{\tilde{f}_i}(H_{ij})$. 根据上述分析, 不妨假设 M 是单连通的, 进一步有 M 双全纯于 $\mathbb{C}$ 或者单位圆盘 Δ. 如果 $M = \mathbb{C}$, 那么对每个 i, 有

$$\sum_{j=1}^{q} \delta_{n_i}^{f_i}(H_{ij}) \leqslant n_i + 1.$$

如果 $M = \Delta$, 并且存在某个 i_0 使得

$$\limsup_{r \to 1} \frac{T(r, f_{i_0})}{\log \frac{1}{1-r}} = \infty,$$

那么根据注 2.1 有

$$\sum_{j=1}^{q} \delta_{n_{i_0}}^{f_{i_0}}(H_{i_0 j}) \leqslant n_{i_0} + 1.$$

接下来考虑 $M = \Delta$, 同时对每个 $i = 1, 2, \cdots, k$, 有

$$\limsup_{r \to 1} \frac{T(r, f_i)}{\log \frac{1}{1-r}} < \infty \qquad (2.2.4)$$

成立. 假设对每个 i, 有

$$\sum_{j=1}^{q_i} \delta_{n_i}^{f_i}(H_{iji}) > n_i + 1$$

和

$$\sum_{i=1}^{k} \frac{\rho_i n_i (n_i + 1)}{\delta_{n_i}^{f_i}(H_{i1}) + \cdots + \delta_{n_i}^{f_i}(H_{iq_i}) - n_i - 1} < 1.$$

根据非积分亏量的定义, 选择非负常数 η_{ij} 和次调和函数 u_{ij} 使得 $\mathrm{e}^{u_{ij}}$ 是 C^{∞} 的以及

$$\sum_{i=1}^{k} \frac{\rho_i n_i (n_i + 1)}{(1 - \eta_{i1}) + \cdots + (1 - \eta_{iq_i}) - \eta_i - 1} < 1, \qquad (2.2.5)$$

$$\mathrm{e}^{u_{ij}} \leqslant \|f_i\|^{\eta_{ij}}, \qquad (2.2.6)$$

同时在每点 $p \in f^{-1}(H)$ 的邻域中,

$$u_{ij}(\zeta) - \min(\nu^{f_i}(H_{ij})(p), n_i) \log |\zeta - \zeta(p)|$$

是次调和的, 这里 $\|f_i\| = (|f_{i1}|^2 + \cdots + |f_{in_i+1}|^2)^{1/2}$, $(f_{i1} : \cdots : f_{in_i+1})$ 是 f_i 的约化表示, ζ 是点 p 邻域的全纯局部坐标. 令

$$\nu_i := \log \left| \frac{W(f_{i1}, \cdots, f_{in_i+1})}{F_{i1} \cdots F_{iq_i}} \right| + \sum_{j=1}^{q_i} u_{ij}, \tag{2.2.7}$$

这里的每个 F_{ij} 都表示式 (2.2.1) 中由全纯映射 f_i 以及超平面 H_{ij} 定义的函数. 由命题 2.8 可知, 所有 ν_i 在 Δ 上都是次调和的. 另外, 因为 f 满足 $(C_{\rho_1 \cdots \rho_k})$ 条件, 所以存在 Δ 上的次调和函数 ω 使得 e^ω 是 C^∞ 的, 同时

$$\lambda \mathrm{e}^\omega \leqslant \|f_1\|^{\rho_1} \cdots \|f_k\|^{\rho_k}, \tag{2.2.8}$$

这里 $\mathrm{d}s^2 = \lambda^2 |\mathrm{d}z|^2$. 令

$$t_i := \frac{2\rho_i}{q_i - n_i - 1 - (\eta_{i1} + \cdots + \eta_{iq_i})},$$

$$\chi_i = \frac{W(f_{i1}, \cdots, f_{in_i+1})}{F_{i1} F_{i2} \cdots F_{iq_i}}.$$

定义次调和函数

$$u := 2\omega + t_1 \nu_1 + \cdots + t_k \nu_k.$$

由式 (2.2.6), 式 (2.2.7) 以及式 (2.2.8) 得

$$\begin{aligned}
\mathrm{e}^u \lambda^2 &\leqslant \mathrm{e}^{t_1 \nu_1 + \cdots + t_k \nu_k} \|f_1\|^{2\rho_1} \cdots \|f_k\|^{2\rho_k} \\
&\leqslant \prod_{i=1}^{k} |\chi_i|^{t_i} \mathrm{e}^{t_i(u_{i1} + \cdots + u_{iq_i})} \|f_i\|^{2\rho_i} \\
&\leqslant \prod_{i=1}^{k} |\chi_i|^{t_i} \|f_i\|^{t_i(\eta_{i1} + \cdots + \eta_{iq_i}) + 2\rho_i} \\
&\leqslant \prod_{i=1}^{k} |\chi_i|^{t_i} \|f_i\|^{t_i(q_i - n_i - 1)}.
\end{aligned}$$

因此, 如果令

$$s_i := \frac{t_i n_i (n_i + 1)}{2} = \frac{\rho_i n_i (n_i + 1)}{q_i - n_i - 1 - (\eta_{i1} + \cdots + \eta_{iq_i})},$$

$$p_i := \frac{s_i}{s_1 + \cdots + s_k},$$

以及 $t_i' := t_i/p_i$，那么根据推广的 Hölder 不等式有

$$\int_0^{2\pi} (e^u \lambda^2)(re^{\sqrt{-1}\theta})\mathrm{d}\theta \leqslant \int_0^{2\pi} \left(\prod_{i=1}^k |\chi_i|^{t_i} \|f_i\|^{t_i(q_i-n_i-1)} \right)(re^{\sqrt{-1}\theta})\mathrm{d}\theta$$

$$\leqslant \prod_{i=1}^k \left(\int_0^{2\pi} (|\chi_i|^{t_i'} \|f_i\|^{t_i'(q_i-n_i-1)})(re^{\sqrt{-1}\theta})\mathrm{d}\theta \right)^{p_i}.$$

由式 (2.2.5)，$t_0 := s_1 + \cdots + s_k < 1$. 选取 p' 使得 $t_0 < p' < 1$，那么 $t_i' n_i(n_i+1)/2 = t_0 < p' < 1$. 利用命题 2.7 证明：对于所有满足 $r_0 < r < R_i < 1$ 的 r, R_i，有

$$\int_0^{2\pi} |\chi_i|^{t_i'} \|f_i\|^{t_i'(q_i-n_i-1)}(re^{\sqrt{-1}\theta})\mathrm{d}\theta \leqslant K_1 \left(\frac{T(R_i, f_i)}{R_i - r} \right)^{p'},$$

这里 $r_0 > 0$，K_1 是不依赖 r, R_i 的常数. 选取 $R_i := r + (1-r)/eT(r, f_i)$. 利用命题 2.9，存在集合 $E_0 = \bigcup_{\nu=1}^{\infty} [r_\nu, r_\nu'] (r_{\nu-1}' < r_\nu \leqslant r_\nu' < 1)$ 使得 $\int_{E_0} 1/(1-r)\mathrm{d}r < \infty$，且 $T(R_i, f_i) \leqslant 2T(r, f_i)$ 对每个 $r \in E_0$ 成立. 因此，对于所有的 $r \notin E_0$，有

$$\int_0^{2\pi} (e^u \lambda^2)(re^{\sqrt{-1}\theta})\mathrm{d}\theta \leqslant K_2 \prod_{i=1}^k \left(\frac{T(r, f_i)}{1-r} \right)^{p_i p'}$$

$$\leqslant K_3 \frac{1}{(1-r)^{p'}} \left(\log \frac{1}{1-r} \right)^{p'},$$

这里用到了式 (2.2.4). 选取满足 $p' < p'' < 1$ 的 p''，在对常数 K_3 进行适当的改变后有

$$\int_0^{2\pi} (e^u \lambda^2)(re^{\sqrt{-1}\theta})\mathrm{d}\theta \leqslant \frac{K_4}{(1-r)^{p'}} \quad (r \notin E_0).$$

根据命题 2.10 知道，$r \notin E_0$ 这个限制条件可以被去掉，所以有

$$\iint_\Delta (e^u \lambda^2)(re^{\sqrt{-1}\theta}) r\mathrm{d}r\mathrm{d}\theta \leqslant K_4 \int_0^1 \frac{r\mathrm{d}r}{(1-r)^{p'}} < \infty.$$

另外，由 S. T. Yau 在文献 [14] 中的结果可知，

$$\iint_\Delta e^u \mathrm{d}\sigma = \infty.$$

这是一个矛盾. 这就完成了定理 2.4 的证明. □

定理 2.5(参考文献 [18]) 如果 M 是完备的, f 是非退化的, 那么对于任意给定的处于一般位置的超平面 $H_1, \cdots, H_q$, 有

$$\sum_{j=1}^{q} \delta_{n-1}^{f}(H_j) \leqslant n^2.$$

该定理是文献 [30] 中结果的直接提升.

定理 2.5 的证明 对非退化映射 f 应用定理 2.4, 则对任意给定的处于一般位置的超平面 $H_1, \cdots, H_q$, 有

$$\frac{n(n+1)}{\sum\limits_{j=1}^{q} \delta_n^f(H_j) - n - 1} \geqslant 1.$$

定理 2.5 得证. □

2.2.3 极小曲面上 Gauss 映射的亏量关系

假设

$$X = (x^1, \cdots, x^n) : M \to \mathbb{R}^n \ (n \geqslant 3)$$

是可定向的完备极小曲面. 令 π 是从 $\mathbb{C}^n \setminus \{\mathbf{0}\}$ 到 $\mathbb{P}^{n-1}(\mathbb{C})$ 的典则投影映射, $f_i = \partial x^i / \partial z (1 \leqslant i \leqslant n)$, 则映射 $f = \pi \circ \partial X / \partial z : M \to \mathbb{P}^{n-1}(\mathbb{C})$. 因为 X 是浸入映射, 所以可令 $(f_1 : \cdots : f_n)$ 为 f 的约化表示. 此外,

$$f_1^2 + \cdots + f_n^2 \equiv 0. \tag{2.2.9}$$

这蕴含着 $f(M) \subseteq Q_{m-2}(\mathbb{C}) = \{\omega_1^2 + \cdots + \omega_n^2 = 0\} \ (\subset \mathbb{P}^{n-1}(\mathbb{C}))$. 令 $\|f\| := (|f_1|^2 + \cdots + |f_{n+1}|^2)^{1/2}$, 则曲面 M 上由 $\mathbb{R}^n$ 上的欧氏度量诱导出来的度量 $\mathrm{d}s^2$ 可以表示为

$$\mathrm{d}s^2 = 2\|f\|^2 |\mathrm{d}z|^2. \tag{2.2.10}$$

这说明映射 $f : M \to \mathbb{P}^{n-1}(\mathbb{C})$ 满足条件 (C_1).

H. Fujimoto 证明了如果 $\mathbb{R}^n$ 中完备极小曲面上的 Gauss 映射不取 $\mathbb{P}^{n-1}(\mathbb{C})$ 中超过 n^2 个处于一般位置的超平面, 那么该 Gauss 映射必定退化 [30]. 本节将介绍

$\mathbb{P}^n(\mathbb{C})$ 中全纯映射的非积分亏量关系, 并给出 H. Fujimoto 在此方向上获得的进一步结果. 当 $n = 3$ 时, 曲面上推广型 Gauss 映射 G 的像集落在 $Q_1(\mathbb{C}) \subset \mathbb{P}^2(\mathbb{C})$. 因为存在一个双全纯映射 $\varphi : Q_1(\mathbb{C}) \to \mathbb{P}^1(\mathbb{C})$, 所以不妨假设 $g = \varphi \circ G : M \to \mathbb{P}^1(\mathbb{C})$.

定理 2.6(参考文献 [18])　设 M 是 $\mathbb{R}^3$ 中非平坦的、完备的极小曲面. 对于任意给定的不同点 $\alpha_1, \cdots, \alpha_q$, 有

$$\sum_{j=1}^{q} \delta_1^g(\alpha_j) \leqslant 6.$$

当 $n = 4$ 时, 存在双全纯映射 $\psi = \psi_1 \times \psi_2 : Q_2(\mathbb{C}) \to \mathbb{P}^1(\mathbb{C}) \times \mathbb{P}^1(\mathbb{C})$. 类似地, 可考虑两个亚纯函数 $g_i = \psi_i \cdot f (i = 1, 2)$, 这时 $(g_1, g_2) : M \to \mathbb{P}^1(\mathbb{C}) \times \mathbb{P}^1(\mathbb{C})$.

定理 2.7(参考文献 [18])　设 M 是 $\mathbb{R}^4$ 中非平坦的完备极小曲面. 上述定义的函数 g_1, g_2, 不妨说是 g_1, 具有以下性质: 对于任意给定的 $\alpha_1, \cdots, \alpha_q$,

$$\sum_{j=1}^{q} \delta_1^{g_1}(\alpha_j) \leqslant 6.$$

接下来, 我们将给出定理 2.6 以及定理 2.7 的证明.

对于 $n = 3$ 的情形, 令 $\omega = (\omega_1 : \omega_2 : \omega_3) \in Q_1(\mathbb{C})$, 则 $Q_1(\mathbb{C})$ 通过映射

$$\varphi(\omega) = \frac{\omega_3}{\omega_1 - \sqrt{-1}\omega_2}$$

双全纯同态于 Riemann 球面 $\mathbb{P}^1(\mathbb{C}) = \mathbb{C} \cup \{\infty\}$. 不妨设 $g : M \to \mathbb{P}^1(\mathbb{C})$. 假设 M 是非平坦的, 那么 g 非常值. 选取非零的全纯函数 h 使得 $g_1 := f_3/h$, $g_2 := (f_1 - \sqrt{-1}f_2)/h$ 是没有公共零点的全纯函数. 因此, g 有约化表示 $g = (g_1 : g_2)$. 由式 (2.2.9) 得

$$f_1 + \sqrt{-1}f_2 = -\frac{hg_1^2}{g_2}, \quad f_1 - \sqrt{-1}f_2 = hg_2.$$

因此,

$$2\|f\|^2 = |f_1 + \sqrt{-1}f_2|^2 + |f_1 - \sqrt{-1}f_2|^2 + 2|f_s|^2$$

$$= \frac{|h|^2}{|g_2|^2}\|g\|^4,$$

这里 $\|g\| = (|g_1|^2 + |g_2|^2)^{1/2}$. 因为 $\|f\| \neq 0$, 所以 g_2/h 在 M 上全纯且 $u = \log|g_2/h|$ 是次调和的. 由式 (2.2.10) 得映射 $g: M \to \mathbb{P}^1(\mathbb{C})$ 满足条件 (C₂). 对 g 应用定理 2.4, 可得到定理 2.6.

对于 $n = 4$ 的情形,

$$\psi_1(\omega) = \frac{\omega_3 + \sqrt{-1}\omega_4}{\omega_1 - \sqrt{-1}\omega_2}, \quad \psi_2(\omega) = \frac{-\omega_3 + \sqrt{-1}\omega_4}{\omega_1 - \sqrt{-1}\omega_2}.$$

令 $\psi = \psi_1 \times \psi_2$, 则 $Q_2(\mathbb{C}) \subset \mathbb{P}^3(\mathbb{C})$ 与 $\mathbb{P}^1(\mathbb{C}) \times \mathbb{P}^1(\mathbb{C})$ 双全纯同态. 对每个满足 $\omega_1 = \sqrt{-1}\omega_2$ 的 $\omega = (\omega_1 : \cdots : \omega_4) \in Q_2(\mathbb{C})$, 可选择合适的定义使其在 $Q_2(\mathbb{C})$ 上连续. 考虑两个亚纯函数 $g_1 = \psi_1 \cdot f, g_2 = \psi_2 \cdot f$. 接下来介绍比定理 2.7 更精确的结果.

定理 2.8(参考文献 [18]) 设 $X = (x_1, x_2, x_3, x_4): M \to \mathbb{R}^4$ 是非平坦的、完备的极小曲面, $g_1, g_2: M \to \mathbb{P}^1(\mathbb{C})$ 是上面提到的亚纯函数.

(i) 假设 g_1, g_2 非常值. 对于任意满足 $i \neq j, k \neq l, \alpha_i \neq \alpha_j, \beta_k \neq \beta_l$ 的 $\alpha_1, \cdots, \alpha_{q_1}$ 及 $\beta_1, \cdots, \beta_{q_2}$, 以下结论中至少有一个成立:

(a) $\sum\limits_{j=1}^{q_1} \delta_1^{g_1}(\alpha_j) \leqslant 2$;

(b) $\sum\limits_{k=1}^{q_2} \delta_1^{g_2}(\beta_k) \leqslant 2$;

(c) $\dfrac{1}{\sum\limits_{j=1}^{q_1} \delta_1^{g_1}(\alpha_j) - 2} + \dfrac{1}{\sum\limits_{k=1}^{q_2} \delta_1^{g_2}(\beta_k) - 2} \geqslant \dfrac{1}{2}$.

(ii) 假设 g_1 不是常值, g_2 是常值, 则对于任意不同的数 $\alpha_1, \cdots, \alpha_q$, 有

$$\sum_{j=1}^{q} \delta_1^{g_1}(\alpha_j) \leqslant 4.$$

证明 不妨设 M 是单连通的. 令 $f_i := \partial x_i / \partial z (i = 1, 2, 3, 4)$. 选取全纯函数 $g_{11}, g_{12}, g_{21}, g_{22}$ 使得

$$g_1 = \frac{f_3 + \sqrt{-1}f_4}{f_1 - \sqrt{-1}f_2} = \frac{g_{12}}{g_{11}}, \quad g_2 = \frac{-f_3 + \sqrt{-1}f_4}{f_1 - \sqrt{-1}f_2} = \frac{g_{12}}{g_{21}},$$

$\|g_1\|^2 := |g_{11}|^2 + |g_{12}|^2 \neq 0, \|g_2\|^2 := |g_{21}|^2 + |g_{22}|^2 \neq 0$. 因为

$$(f_1, f_2, f_3, f_4) = \frac{f_1 - \sqrt{-1}f_2}{2}(1 + g_1 g_2, \sqrt{-1}(1 - g_1 g_2), g_1 - g_2, -\sqrt{-1}(g_1 + g_2)),$$

所以,

$$
\begin{aligned}
2\|f\|^2 &= 2(|f_1|^2 + |f_2|^2 + |f_3|^2 + |f_4|^2) \\
&= \frac{|h|^2}{2}\left(\left|1 + \frac{g_{12}g_{22}}{g_{11}g_{21}}\right|^2 + \left|1 - \frac{g_{12}g_{22}}{g_{11}g_{21}}\right|^2 + \left|\frac{g_{12}}{g_{11}} - \frac{g_{22}}{g_{21}}\right|^2 + \left|\frac{g_{12}}{g_{11}} + \frac{g_{22}}{g_{21}}\right|^2 \right) \\
&= \frac{|h|^2}{|g_{11}|^2 |g_{21}|^2}(|g_{11}|^2 + |g_{12}|^2)(|g_{21}|^2 + |g_{22}|^2),
\end{aligned}
$$

这里 $h := f_1 - \sqrt{-1}f_2$. 令 $u := \log(|g_{11}g_{21}|/h)$. 因为 $\|f\| \neq 0$, 所以 u 是次调和的. 上述方程可以被重写为

$$\lambda e^u = \|g_1\|\|g_2\|, \tag{2.2.11}$$

这里 $ds^2 = \lambda^2 |dz|^2$.

考虑第一种情形: g_1, g_2 都是非常值. 由式 (2.2.11), 映射 $g = (g_1, g_2): M \to \mathbb{P}^1(\mathbb{C}) \times \mathbb{P}^1(\mathbb{C})$ 满足条件 (C_1). 对 g 应用定理 2.4, 可直接得到定理 2.8 的结论 (i). 如果 g_1 非常值, g_2 是常值, 可选非零函数 g_{21}, g_{22}. 由式 (2.2.11), 全纯映射 $g_1: M \to \mathbb{P}^1(\mathbb{C})$ 满足条件 (C_1). 根据定理 2.4 可得定理 2.8 的结论 (ii). $\qquad\square$

定理 2.7 的证明 根据假设条件, M 是非平坦的且 g_1, g_2 中至少有一个是非常值函数. 如果 g_1, g_2 中只有一个是常值函数, 则可由定理 2.8 中的结论 (ii) 直接证明. 如果 g_1, g_2 都不是常值, 那么对于 g_1, g_2 中的一个函数, 不妨设为 g_2, 存在不同的数 $\beta_1, \cdots, \beta_{q_2}$ 使得

$$\sum_{k=1}^{q_2} \delta_1^{g_2}(\beta_k) > 6.$$

于是, 对于不同的数 $\alpha_1, \cdots, \alpha_q$ 以及 $\beta_1, \cdots, \beta_{q_2}$, 定理 2.8 中的结论 (a) 或者结论 (c) 是成立的. 对每一种情形都有

$$\sum_{j=1}^{q} \delta_1^{g_1}(\alpha_j) \leqslant 6.$$

这样就完成了定理 2.7 的证明. $\qquad\square$

2.3 关于 k 非退化 Gauss 映射的值分布性质

设 $H = \{[z_0 : z_1 : \cdots : z_k] \mid a_0 z_0 + \cdots + a_k z_k = 0\}$ 是 $\mathbb{P}^k(\mathbb{C})$ 的一个超平面, $\boldsymbol{a} = (a_0, \cdots, a_k) \in \mathbb{C}^{k+1} \setminus \{\boldsymbol{0}\}$ 被称为与 H 相关的法向量. 超平面 $H_1, \cdots, H_q$ 处于 m 次一般位置 $(m \geqslant k)$ 当且仅当在每个单射 $\mu : \{0, 1, \cdots, m\} \to \{1, \cdots, q\}$ 下, 法向量 $\boldsymbol{a}_{\mu(0)}, \cdots, \boldsymbol{a}_{\mu(m)}$ 可张成空间 $\mathbb{C}^{k+1}$. 若 $m = k$, 则称 $H_1, \cdots, H_q$ 在 $\mathbb{P}^k(\mathbb{C})$ 中处于一般位置. 此外, 如果 $H_1, \cdots, H_q$ 在 $\mathbb{P}^m(\mathbb{C})$ 中处于一般位置, 那么 $H_1 \cap \mathbb{P}^k(\mathbb{C}), \cdots, H_q \cap \mathbb{P}^k(\mathbb{C})(m \geqslant k)$ 处于 m 次一般位置.

2.3.1 全纯映射的衍生曲线

我们回顾一下衍生曲线的定义. 令

$$\Delta_R := \{z \mid |z| < R\}, \quad 0 < R \leqslant \infty.$$

设 F 是一个从 Δ_R 到 $\mathbb{P}^k(\mathbb{C})$ 的非退化的全纯映射 (即 $F(\Delta_R)$ 不包含在 $\mathbb{P}^k(\mathbb{C})$ 的任意真子空间中), 取 F 一个约化表示 $\tilde{F} = (f_0, f_1, \cdots, f_k) : \Delta_R \to \mathbb{C}^{k+1} \setminus \{\boldsymbol{0}\}$, 同时令 $\|\tilde{F}\| = \left(\sum_{j=0}^{k} |f_j|^2 \right)^{\frac{1}{2}}$. 对于全纯函数 $f_0, f_1, \cdots, f_k$, 其 Wronskian 行列式为

$$W(f_0, f_1, \cdots, f_k) := \det(f_j^{(s)}, 0 \leqslant j, s \leqslant k).$$

设 $\{e_0, e_1, \cdots, e_k\}$ 为 $\mathbb{C}^{k+1}$ 中的一组标准基, 对于每个 $0 \leqslant s \leqslant k$, 定义

$$\tilde{F}_s = \sum_{0 \leqslant i_0 < \cdots < i_s \leqslant k} W(f_{i_0}, f_{i_1}, \cdots, f_{i_s}) e_{i_0} \wedge \cdots \wedge e_{i_s},$$

$$|\tilde{F}_s|^2 := \sum_{0 \leqslant i_0 < \cdots < i_s \leqslant k} |W(f_{i_0}, f_{i_1}, \cdots, f_{i_s})|^2.$$

显然, $\tilde{F}_{k+1} \equiv 0$. 如果 F 是线性非退化的, 那么 $\tilde{F}_s \not\equiv 0, 0 \leqslant s \leqslant k$. 设 $\tilde{F}^{(s)} = (f_0^{(s)}, f_1^{(s)}, \cdots, f_k^{(s)})$, 则可将 $\tilde{F}_s$ 理解为以下映射:

$$\tilde{F}_s = \tilde{F}^{(0)} \wedge \tilde{F}^{(1)} \wedge \cdots \wedge \tilde{F}^{(s)} : \Delta_R \to \bigwedge^{s+1} \mathbb{C}^{k+1}. \tag{2.3.1}$$

令 H_j 是 $\mathbb{P}^k(\mathbb{C})$ 中的一个超平面, 相关的系数法向量为 $\boldsymbol{a}_j = (a_{j0}, \cdots, a_{jk})$. 如无特殊说明, 假定所有超平面的相关系数法向量的模长为 1, 即 $|\boldsymbol{a}_j| = 1$. 对于 $0 \leqslant s \leqslant k, 1 \leqslant j \leqslant q$, 定义

$$|\tilde{F}_s(H_j)|^2 = \sum_{0 \leqslant i_1 < \cdots < i_s \leqslant k} \left| \sum_{t \neq i_1, \cdots, i_s} a_{jt} W(f_t, f_{i_1}, \cdots, f_{i_s}) \right|^2. \tag{2.3.2}$$

注意,

$$|\tilde{F}(H_j)| = |\tilde{F}_0(H_j)| = |a_{j0} f_0 + a_{j1} f_1 + \cdots + a_{jk} f_k|.$$

由式 (2.3.2), $\tilde{F}_s(H_j) \equiv 0$ 当且仅当对所有的 $i_1, \cdots, i_s$, 有

$$\sum_{t \neq i_1, \cdots, i_s} a_{jt} W(f_t, f_{i_1}, \cdots, f_{i_s}) \equiv 0.$$

如果 F 是线性非退化的, 那么 $\tilde{F}_s(H_j) \not\equiv 0, 0 \leqslant s \leqslant k, 1 \leqslant j \leqslant q$.

用

$$\mathbb{P} : \bigwedge^{s+1} \mathbb{C}^{k+1} \setminus \{\boldsymbol{0}\} \to \mathbb{P}^{N_s}(\mathbb{C})$$

表示自然投影, 其中 $N_s = \binom{k+1}{s+1} - 1$. 令 $F_s = \mathbb{P}(\tilde{F}_s)$, 并称其为 F 的 s 阶衍生曲线. 用 ω_s 表示 $\mathbb{P}^{N_s}(\mathbb{C})$ 上的 Fubini-Study 形式, 令

$$\Omega_s = F_s^* \omega_s, \quad 0 \leqslant s \leqslant k$$

表示 s 阶衍生曲线的拉回映射. 在齐次坐标的意义下, 有 (参考文献 [8], [20], [36])

$$\Omega_s = F_s^* \omega_s = \mathrm{dd}^c \log |\tilde{F}_s|^2 = \frac{\mathrm{i}}{2\pi} \frac{|\tilde{F}_{s-1}|^2 |\tilde{F}_{s+1}|^2}{|\tilde{F}_s|^4} \mathrm{d}z \wedge \mathrm{d}\bar{z}, \tag{2.3.3}$$

规定 $\tilde{F}_{-1} \equiv 1$. 注意, $\Omega_k \equiv 0$. 进一步, 有

$$\mathrm{Ric}\Omega_s = \Omega_{s-1} + \Omega_{s+1} - 2\Omega_s. \tag{2.3.4}$$

对于 $\mathbb{P}^k(\mathbb{C})$ 中的超平面 H_j, 用

$$\phi_s(H) = \frac{|\tilde{F}_s(H_j)|^2}{|\tilde{F}_s|^2}$$

表示 F_s 与 H_j 之间的投影距离. 注意, $0 \leqslant \phi_s(H_j) \leqslant 1$, $\phi_k(H_j) \equiv 1$.

2.3.2 关于 k 非退化 Gauss 映射的 Picard 定理

利用衍生曲线的定义, M. Ru 获得了以下结果, 它在后面多个定理的证明中起着非常重要的作用.

引理 2.7(参考文献 [8]) 设 $F : \Delta_R \to \mathbb{P}^k(\mathbb{C})$ 是一个非退化的全纯映射, 它的约化表示为 $\tilde{F}$. 假定 $H_1, \cdots, H_q$ 是 $\mathbb{P}^k(\mathbb{C})$ 中 q 个处于 n 次一般位置的超平面, $\varpi(j)$ 为对应的 Nochka 权重系数. 如果 F 不取这 $q(> 2n - k + 1)$ 个超平面 $H_1, \cdots, H_q$ 以及 $L > \frac{2qk(k+2)}{\sum_{j=1}^{q} \varpi(j) - (k+1)}$, 那么存在一个正的常数 C 使得

$$
|\tilde{F}|^{\chi} \frac{|\tilde{F}_k|^{1+\frac{2q}{L}} \prod_{j=1}^{q} \left(\prod_{s=0}^{k-1} |\tilde{F}_s(H_j)| \right)^{\frac{4}{L}}}{\prod_{j=1}^{q} |\tilde{F}(H_j)|^{\varpi(j)}} \leqslant C \left(\frac{2R}{R^2 - |z|^2} \right)^{\left(1+\frac{2q}{L}\right)\frac{1}{2}k(k+1) + \frac{2q}{L} \sum_{s=0}^{k-1} s(s+1)},
$$

这里 $\chi = \sum_{j=1}^{q} \varpi(j) - (k+1) - \frac{2q}{L}(k^2 + 2k - 1)$.

证明 下面给出引理 2.7 大致的证明思路: 当全纯映射 F 不取 q 个处于 n 次一般位置的超平面时, 我们可以构造出一个可与双曲度量进行比较的负曲率度量. 沿用之前的记号, 令 $\tilde{F}_0 = \tilde{F}$, $\phi_0(H_j) = \frac{|\tilde{F}_0(H_j)|^2}{|\tilde{F}_0|^2}$, $\phi_s(H_j) = \frac{|\tilde{F}_s(H_j)|^2}{|\tilde{F}_s|^2}$, $\lambda_s = \frac{1}{k-s+\frac{2q}{L}(k-s)^2}$, 可得

$$
|\tilde{F}|^{\chi} \frac{|\tilde{F}_k|^{1+\frac{2q}{L}} \left(\prod_{s=0}^{k-1} |\tilde{F}_s| \right)^{\frac{4q}{L}}}{\prod_{j=1}^{q} |\tilde{F}(H_j)|^{\varpi(j)} \left(\prod_{s=0}^{k-1} (L - \log \phi_s(H_j)) \right)} \leqslant C_0 \left(\frac{2R}{R^2 - |z|^2} \right)^{\sum_{s=0}^{k-1} \frac{1}{\lambda_s}}. \tag{2.3.5}
$$

设

$$
K := \sup_{0 < x \leqslant 1} x^{2/L}(L - \log x).
$$

因为对所有的 s, j 有 $\phi_s(H_j) \leqslant 1$, 所以有

$$
\frac{1}{L - \log \phi_s(H_j)} \geqslant \frac{1}{K} \phi_s(H_j)^{2/L} = \frac{1}{K} \frac{|\tilde{F}_s(H_j)|^{4/L}}{|\tilde{F}_s|^{4/L}}.
$$

将其代入式 (2.3.5), 可得存在一个正的常数 C 使得

$$|\tilde{F}|^{\chi} \frac{|\tilde{F}_k|^{1+\frac{2q}{L}} \prod_{j=1}^{q}\left(\prod_{s=0}^{k-1}|\tilde{F}_s(H_j)|\right)^{\frac{4}{L}}}{\prod_{j=1}^{q}|\tilde{F}(H_j)|^{\varpi(j)}} \leqslant C\left(\frac{2R}{R^2-|z|^2}\right)^{\left(1+\frac{2q}{L}\right)\frac{1}{2}k(k+1)+\frac{2q}{L}\sum_{s=0}^{k-1}s(s+1)},$$

引理得证. $\qquad\square$

定理 2.9(参考文献 [8])　设 M 是 $\mathbb{R}^n$ 中的一个完备的、非平坦的极小曲面, 假设 M 上的 Gauss 映射 G 是 k 非退化, $1 \leqslant k \leqslant n-1$, 也就是说, $G(M)$ 包含在 $\mathbb{P}^{n-1}(\mathbb{C})$ 的一个 k 维线性子空间中, 同时不包含在任何维数小于 k 的线性子空间中. 那么, G 至多不取 $\mathbb{P}^{n-1}(\mathbb{C})$ 中 $(k+1)(n-k/2-1)+n$ 个处于一般位置的超平面.

容易验证, 对所有的 $0 \leqslant k \leqslant n-1$, 有 $\frac{n(n+1)}{2} \geqslant (k+1)(n-k/2-1)+n$. 这样就有了下面的推论.

推论 2.1(参考文献 [8])　设 M 是 $\mathbb{R}^n$ 中的一个完备的、非平坦的极小曲面, M 上的 Gauss 映射 G 至多不取 $\mathbb{P}^{n-1}(\mathbb{C})$ 中 $\frac{n(n+1)}{2}$ 个处于一般位置的超平面.

定理 2.9 可以通过在曲面上构造负曲率度量来证明, 具体细节见接下来要介绍的涉及零点重数的更加一般的情形.

引理 2.8　(参考文献 [37]) 设 $F: \Delta_R \to \mathbb{P}^k(\mathbb{C})$ 是一个非退化的全纯映射, 取 $\tilde{F}$ 为其约化表示. 假定 $H_1, \cdots, H_q \subset \mathbb{P}^n(\mathbb{C})$ 是处于 n 次一般位置的超平面, $\varpi(j)$ 为相对应的 Nochka 权重系. 如果 $F(H_j)$ 的零点重数至少为 $m_j(1 \leqslant j \leqslant q)$, 且

$$\sum_{j=1}^{q}\left(1-\frac{k}{m_j}\right) > 2n-k+1,$$

$$L > \frac{2q(k^2+2k)}{\sum_{j=1}^{q}\varpi(j)\left(1-\frac{k}{m_j}\right)-(k+1)},$$

那么存在正常数 C 使得

$$\|\tilde{F}\|^{\sum_{j=1}^{q}\varpi(j)\left(1-\frac{k}{m_j}\right)-(k+1)-\frac{2q(k^2+2k-1)}{L}} \frac{\prod_{s=0}^{k-1}\prod_{j=1}^{q}\|\tilde{F}_s(H_j)\|^{\frac{4}{L}}\|\tilde{F}_s\|^{1+\frac{2q}{L}}}{\prod_{j=1}^{q}|\tilde{F}(H_j)|^{\varpi(j)\left(1-\frac{k}{m_j}\right)}}$$

$$\leqslant C\left(\frac{2R}{R^2-|z|^2}\right)^{\frac{1}{2}k(k+1)+\frac{2q}{L}\sum_{s=0}^{k}s^2}.$$

定理 2.10(参考文献 [37])　设 M 是 $\mathbb{R}^n$ 中的一个完备极小曲面, 假定 M 上的 Gauss 映射 G 是 k 非退化, $1 \leqslant k \leqslant n-1$. 如果存在 q 个处于一般位置的超平面 $H_1, \cdots, H_q \subset \mathbb{P}^{n-1}(\mathbb{C})$ 使得对每个 $j \in \{1, \cdots, q\}$, $G(H_j)$ 的零点重数至少为 m_j, 并且

$$\sum_{j=1}^q \left(1 - \frac{k}{m_j}\right) \leqslant (k+1)\left(n - \frac{k}{2} - 1\right) + n,$$

那么 M 一定是平坦的. 特别地, 对于 $\mathbb{R}^n$ 中任何完备的极小曲面 M, 如果存在 q 个处于一般位置的超平面 $H_1, \cdots, H_q \subset \mathbb{P}^{n-1}(\mathbb{C})$ 使得对每个 $j \in \{1, \cdots, q\}$ 有 $G(H_j)$ 的零点重数至少为 m_j, 并且

$$\sum_{j=1}^q \left(1 - \frac{n-1}{m_j}\right) > \frac{n(n+1)}{2},$$

那么 M 一定是平坦的.

关于定理 2.10 的证明, 我们除了要借鉴定理 2.9 的方法之外, 还需要以下引理. 在不更改原文意思的条件下, 为叙述方便, 此处对原文中的符号和内容顺序做了一些必要的修改.

引理 2.9(参考文献 [38], [39]) 假设 $H_1, \cdots, H_q \subset \mathbb{P}^k(\mathbb{C})$ 是处于 n 次一般位置的超平面, 那么存在函数 $\varpi: J = \{1, \cdots, q\} \to (0, 1]$ 和正数 $\theta > 0$ 满足以下条件:

(i) $0 < \varpi(j) \leqslant 1$, $j \in J$;

(ii) $q - 2n + k - 1 = \theta\left(\sum_{j=1}^q \varpi(j) - k - 1\right)$;

(iii) $1 \leqslant \frac{n+1}{k+1} \leqslant \theta \leqslant \frac{2n-k+1}{k+1}$.

这里的 $\varpi(j)$ 被称为与超平面 $H_j(1 \leqslant j \leqslant q)$ 相关的 Nochka 权重系数.

引理 2.10(参考文献 [38], [39])　与上述假设条件一致, 设 $E_1, \cdots, E_q$ 是 q 个严格大于 1 的实数. 对于集合 $\{1, 2, \cdots, q\}$ 中任意满足 $0 < B < n+1$ 的子集 B, 存在子集 $C \subset B$ 使得

$$\mathrm{span}\{\boldsymbol{a}_j | j \in C\} = \mathrm{span}\{\boldsymbol{a}_j | j \in B\}$$

和

$$\prod_{j \in B} E_j^{\omega(j)} \leqslant \prod_{j \in C} E_j.$$

引理 2.11(参考文献 [20], [36], [40]) 设 H 为 $\mathbb{P}^k(\mathbb{C})$ 中的超平面. 对于任意的常数 $N > 1$ 以及 $0 \leqslant s \leqslant k-1$, 在 $\Delta_R \setminus \{\phi_s(H) = 0\}$ 上, 有

$$\mathrm{dd}^c \log \frac{1}{N - \log \phi_s(H)} \geqslant \left\{ \frac{\phi_{s+1}(H)}{\phi_s(H)(N - \log \phi_s(H))^2} - \frac{1}{N} \right\} \Omega_s.$$

引理 2.12(参考文献 [38]) 设 $\{H_j\}_{j=1}^q$ 是 $\mathbb{P}^k(\mathbb{C})$ 中处于 m 次一般位置的超平面. 取 $0 \leqslant s \leqslant k-1$, 对于任意的常数 $N \geqslant 1$ 以及任意满足 $\frac{1}{q} \leqslant \lambda_s \leqslant \frac{1}{k-s}$ 的 λ_s, 存在仅依赖 s 及给定超平面 $H_1, \cdots, H_q$ 的正常数 $C_s > 0$ 使得在 $\Delta_R \setminus \{\phi_s(H_j) = 0\}$ 上, 有

$$C_s \left(\prod_{j=1}^q \left(\frac{\phi_{s+1}(H_j)}{\phi_s(H_j)} \right)^{\varpi(j)} \frac{1}{(N - \log \phi_s(H_j))^2} \right)^{\lambda_s} \leqslant \sum_{j=1}^q \frac{\phi_{s+1}(H_j)}{\phi_s(H_j)(N - \log \phi_s(H_j))^2}.$$

设 $\Omega_s = \frac{\mathrm{i}}{2\pi} h_s(z) \mathrm{d}z \wedge \mathrm{d}\bar{z}$, $\lambda_s = \frac{1}{k-s+2q(k-s)^2/N}(N \geqslant 1)$ 以及

$$\sigma_s = C_s \prod_{j=1}^q \left[\left(\frac{\phi_{s+1}(H_j)}{\phi_s(H_j)} \right)^{\varpi(j)} \frac{1}{(N - \log \phi_s(H_j))^2} \right]^{\lambda_s} h_s.$$

定义

$$\Upsilon = \frac{\mathrm{i}}{2\pi} c \prod_{s=0}^{k-1} \sigma_s^{\beta_k/\lambda_s} \mathrm{d}z \wedge \mathrm{d}\bar{z} = \frac{\mathrm{i}}{2\pi} h(z) \mathrm{d}z \wedge \mathrm{d}\bar{z},$$

这里 $\beta_k = \frac{1}{\sum\limits_{s=0}^{k-1} \frac{1}{\lambda_s}}$, $c = 2 \left(\prod\limits_{s=0}^{k-1} \lambda_s^{\lambda_s^{-1}} \right)^{\beta_k}$. 进一步整理可得

$$h(z) = c \prod_{j=1}^q \left(\frac{1}{\phi_0(H_j)^{\varpi(j)}} \right)^{\beta_k} \prod_{j=1}^q \left[\prod_{s=0}^{k-1} \frac{h_s^{\beta_k/\lambda_s}}{(N - \log \phi_s(H_j))^{2\beta_k}} \right]. \tag{2.3.6}$$

引理 2.13(参考文献 [8]) 设 $\mathrm{Ric}\Upsilon = \mathrm{dd}^c \ln h(z)$, 如果 $q \geqslant 2n - k + 2$, 同时满足

$$\frac{2q}{N} < \frac{\sum\limits_{j=1}^q \varpi(j) - (k+1)}{k(k+2)},$$

那么 $\mathrm{Ric}\Upsilon \geqslant \Upsilon$.

证明 由式 (2.3.6) 知道,

$$\mathrm{Ric}\Upsilon = - \beta_k \sum_{j=1}^{q} \varpi(j)\mathrm{dd}^c \log \phi_0(H_j) + \beta_k \sum_{j=1}^{q} \sum_{s=1}^{k-1} \mathrm{dd}^c \log \left(\frac{1}{N - \log \phi_s(H_j)} \right)^2 +$$

$$\beta_k \sum_{s=0}^{k-1} \frac{1}{\lambda_s}\mathrm{Ric}\Omega_s.$$

根据引理 2.11, 式 (2.3.4) 以及 $\mathrm{dd}^c \log \phi_0(H_j) = -\Omega_0$, 可得

$$\mathrm{Ric}\Upsilon \geqslant \beta_k \left(\sum_{j=1}^{q} \varpi(j)\Omega_0 + 2\sum_{j=1}^{q}\sum_{s=0}^{k-1} \frac{\phi_{s+1}(H_j)}{\phi_s(H_j)(N - \log \phi_s(H_j))^2}\Omega_s - \frac{2q}{N}\sum_{s=0}^{k-1}\Omega_s + \right.$$

$$\left. \sum_{s=0}^{k-1}[(k-s) + (k-s)^2 2q/N](\Omega_{s+1} - 2\Omega_s + \Omega_{s-1}) \right).$$

利用引理 2.12, 可得

$$\sum_{j=1}^{q} \frac{\phi_{s+1}(H_j)\Omega_s}{\phi_s(H_j)(N - \log \phi_s(H_j))^2} \geqslant C_s \left(\prod_{j=1}^{q} \left(\frac{\phi_{s+1}(H_j)}{\phi_s(H_j)} \right)^{\varpi(j)} \frac{1}{(N - \log \phi_s(H_j))^2} \right)^{\lambda_s} \Omega_s$$

$$= \frac{\mathrm{i}}{2\pi}\sigma_s \mathrm{d}z \wedge \mathrm{d}\bar{z}.$$

注意, $\Omega_k = 0$,

$$\sum_{s=0}^{k-1} (k-s)(\Omega_{s+1} - 2\Omega_s + \Omega_{s-1}) = -(k+1)\Omega_0.$$

因此,

$$\mathrm{Ric}\Upsilon \geqslant \left(\sum_{j=1}^{q} \varpi(j)\Omega_0 + 2\frac{\mathrm{i}}{2\pi}\sum_{s=0}^{k-1}\sigma_s \mathrm{d}z \wedge \mathrm{d}\bar{z} - (k+1)\Omega_0 - (k^2 + 2k)\frac{2q}{N}\Omega_0 + \right.$$

$$\left. \sum_{s=1}^{k-2}[(k-s+1)^2 - 2(k-s)^2 + (k-s-1)^2 - 1]\frac{2q}{N}\Omega_s + \frac{2q}{N}\Omega_{k-1} \right).$$

对于正数 $x_1, x_2, \cdots, x_n$ 以及 $a_1, a_2, \cdots, a_n$, 有以下基本不等式:

$$a_1 x_1 + \cdots + a_n x_n \geqslant (a_1 + \cdots + a_n)(x_1^{a_1} \cdots x_n^{a_n})^{1/(a_1 + \cdots + a_n)}.$$

在上述不等式中取 $a_s = \lambda_s^{-1}$, 可推得

$$\sum_{s=0}^{k-1} \sigma_s \geqslant \frac{c}{2\beta_k} \prod_{s=0}^{k-1} \sigma_s^{\beta_k/\lambda_s}.$$

进一步, 有

$$\text{Ric}\Upsilon \geqslant \beta_k \left[\left(\sum_{j=1}^{q} \varpi(j) - (k+1) - (k^2 + 2k)\frac{2q}{N} \right) \Omega_0 + \sum_{s=1}^{k-2} \frac{2q}{N} \Omega_s + \frac{2q}{N} \Omega_{k-1} \right] + \Upsilon.$$

由已知条件以及引理 2.9, 有

$$\sum_{j=1}^{q} \varpi(j) - (k+1) - (k^2 + 2k)\frac{2q}{N} \geqslant 0.$$

故 $\text{Ric}\Upsilon \geqslant \Upsilon$, 引理得证. $\qquad\qquad\qquad\qquad\qquad\qquad\qquad\qquad$ □

引理 2.14(参考文献 [37]) 设 $G : \Delta_R :\to \mathbb{P}^k(\mathbb{C})$ 是非退化的全纯映射. 如果存在 q 个处于 n 次一般位置的超平面 $H_1, \cdots, H_q \subset \mathbb{P}^k(\mathbb{C})$ 使得对每个 $j \in \{1, \cdots, q\}$, $G(H_j)$ 的零点重数至少为 m_j, 那么函数

$$\frac{|G_k|}{\prod\limits_{j=1}^{q} |G(H_j)|^{\omega(j)(1 - \frac{k}{m_j})}}$$

在 Δ_R 上是连续的.

证明 不妨假设

$$m_j \geqslant k \ (j = 1, 2, \cdots, q_0).$$

只需证明

$$\frac{|G_k|}{\prod\limits_{j=1}^{q_0} \left| \frac{|G(H_j)|}{|G|} \right|^{\omega(j)(1 - \frac{k}{m_j})}}$$

在 Δ_R 上连续即可. 对于 $G(H_j)$ 的任意零点 z_0, 在其一个小邻域 $U(z_0)$ 中有

$$G(H_j)(z) = (z - z_0)^{\nu_j} Q_j(z),$$

其中 $Q_j(z) \neq 0$, $\nu_j \geqslant m_j$ 或 $\nu_j = 0$. 因为超平面 $H_1, \cdots, H_q$ 是处于 n 次一般位置的, 所以对每个 z, 至多只有 n 个超平面 H_j 使得 $G(H_j)(z) = 0$. 取小的正常数 $c_0(< 1)$, 使得集合

$$B = \left\{ j \in \{1, 2, \cdots, q_0\} : \left| \frac{G(H_j)(z)}{G(z)} \right| \leqslant c_0 \right\}$$

中的元素个数至多为 n, 这里 c_0 仅依赖给定的超平面. 考虑函数

$$E_j = \frac{1}{\left(\frac{|G(H_j)|}{|G|} \right)^{\omega(j)(1 - \frac{k}{m_j})}}, \quad j = 1, 2, \cdots, q_0.$$

显然, 若 $j \in B$, 则 $E_j > 1$; 若 $j \notin B$, 则 $E_j \leqslant c_1$ (与 c_0 相关的一个正常数). 利用引理 2.10, 存在一个满足 $\sharp C \leqslant k + 1$ 的指标集 C 使得

$$\frac{|G_k|}{\prod_{j=1}^{q_0} \left| \frac{|G(H_j)|}{|G|} \right|^{\omega(j)(1 - \frac{k}{m_j})}} \leqslant c_2 \frac{|G_k|}{\prod_{j \in B} \left| \frac{|G(H_j)|}{|G|} \right|^{\omega(j)(1 - \frac{k}{m_j})}} \tag{2.3.7}$$

$$\leqslant c_2 \frac{|G_k|}{\prod_{j \in C} \left| \frac{|G(H_j)|}{|G|} \right|^{(1 - \frac{k}{m_j})}}. \tag{2.3.8}$$

对于任意满足 $\prod_{j \in C} G(H_j)^{(1 - \frac{k}{m_j})}(z_0) = 0$ 的 z_0, 若能证明 z_0 是 G_k 的具有更高重数的零点, 那么引理结论自然得证.

不妨设 $C = \{1, 2, \cdots, l\}(l \leqslant k + 1)$, $G = [g_0, g_1, \cdots, g_k]$. 从引理 2.10 中关于集合 C 的定义知道, $\{H_j, j \in C\}$ 是线性无关的, 我们可在 C 的基础上进一步使得 $\{H_j, j = 1, 2, \cdots, k + 1\}$ 是线性无关的. 假定超平面 H_j 对应的系数向量为 $\boldsymbol{a}_j, j = 1, \cdots, k + 1$, 则可得如下矩阵关系:

$$\begin{pmatrix} G(H_1) & G(H_2) & \cdots & G(H_{k+1}) \\ G(H_1)' & G(H_2)' & \cdots & G(H_{k+1})' \\ \vdots & \vdots & & \vdots \\ G(H_1)^{(k)} & G(H_2)^{(k)} & \cdots & G(H_{k+1})^{(k)} \end{pmatrix}$$

$$= \begin{pmatrix} g_0 & g_1 & \cdots & g_k \\ g_0' & g_1' & \cdots & g_k' \\ \vdots & \vdots & & \vdots \\ g_0^{(k)} & g_1^{(k)} & \cdots & g_k^{(k)} \end{pmatrix} \cdot (\boldsymbol{a}_0, \boldsymbol{a}_1, \cdots, \boldsymbol{a}_k).$$

由 $\{\boldsymbol{a}_j,\ j = 1, 2, \cdots, k+1\}$ 的线性无关性, 可知 G_k 的零点可由等式左边对应的行列式的零点来等价刻画. 对于 $\prod\limits_{j \in C} G(H_j)^{(1 - \frac{k}{m_j})}$ 的一个任意零点 z_0, 其零点重数至少为 $\sum\limits_{j=1}^{l} \nu_j (1 - \frac{k}{m_j})$. 考虑行列式

$$P(z) = \begin{vmatrix} G(H_1) & G(H_2) & \cdots & G(H_{k+1}) \\ G(H_1)' & G(H_2)' & \cdots & G(H_{k+1})' \\ \vdots & \vdots & & \vdots \\ G(H_1)^{(k)} & G(H_2)^{(k)} & \cdots & G(H_{k+1})^{(k)} \end{vmatrix}$$

在 z_0 的零点重数. 将上述行列式进行展开, 每一项可以写成

$$(G, H_1)^{(\kappa_1)} \cdot (G, H_2)^{(\kappa_2)} \cdots (G, H_{k+1})^{(\kappa_{k+1})},$$

其中 $\{\kappa_1, \kappa_2, \cdots, \kappa_{k+1}\} = \{0, 1, \cdots, k\}$, 不难看出 $P(z)$(或 G_k) 在零点 z_0 的重数至少为 $\sum\limits_{j=1}^{l} \nu_j - [k + (k-1) + \cdots + (k-l+1)] = -kl + \frac{l(l-1)}{2} + \sum\limits_{j=1}^{l} \nu_j$. 因此,

$$\frac{|G_k|}{\prod\limits_{j \in C} \left| \frac{|G(H_j)|}{|G|} \right|^{(1 - \frac{k}{m_j})}}$$

在点 z_0 的零点重数至少为

$$-kl + \frac{l(l-1)}{2} + \sum_{j=1}^{l} \nu_j - \sum_{j=1}^{l} \nu_j \left(1 - \frac{k}{m_j}\right) \geqslant \frac{l(l-1)}{2} \geqslant 0.$$

这就证明了任意满足 $\prod\limits_{j \in C} G(H_j)^{(1 - \frac{k}{m_j})}(z_0) = 0$ 的 z_0, 也是 G_k 的具有更高重数的零点. 结合式 (2.3.7) 知道,

$$\frac{|G_k|}{\prod\limits_{j=1}^{q} |G(H_j)|^{\omega(j)(1-\frac{k}{m_j})}}$$

在 z_0 附近有界, 即在整个 Δ_R 上连续, 引理得证. □

事实上, 上述引理可以推广到更一般的情形.

引理 2.15 (参考文献 [37])   如果 $F(H_j)$ 的零点重数至少为 $m_j(1 \leqslant j \leqslant q)$, $\sum\limits_{j=1}^{q}(1-k/m_j) \geqslant 2n-k+2$, 且

$$\frac{2q}{N} < \frac{\sum\limits_{j=1}^{q} \varpi(j)(1-k/m_j) - (k+1)}{k(k+2)},$$

那么

(i) 在 $\Delta_R \setminus \bigcup\{\phi_0(H_j) = 0\}$ 上, 有 $\mathrm{Ric}\Upsilon \geqslant \Upsilon$;

(ii) Υ 是 Δ_R 上的伪度量.

根据上述引理的结论以及 Schwarz 引理可进一步证得: 存在正常数 c_0, 使得

$$h(z) \leqslant c_0 \left(\frac{2R}{R^2 - |z|^2}\right)^2. \tag{2.3.9}$$

证明细节可参考文献 [21].

定理 2.10 的证明   不妨假设 M 是单连通的 (否则可考虑其万有覆盖曲面). 根据 Koebe 单值化定理, M 双全纯于 $\mathbb{C}$ 或者单位圆盘. 对于 $M = \mathbb{C}$ 的情形, E. I. Nochka 在文献 [41] 中证明了对于全纯映射 $G : \mathbb{C} \to \mathbb{P}^{n-1}(\mathbb{C})$, 如果 G 与超平面 H_j 的交叉零点重数至少为 $m_j(1 \leqslant j \leqslant q)$, 那么 $\sum\limits_{j=1}^{q}(1-\frac{k}{m_j}) \leqslant 2(n-1)-k+1$. 不难看出, 定理 2.10 在此情形下是成立的. 接下来只需要考虑 $M = \Delta$ 的情形.

采用反证法, 即 Gauss 映射 G 与超平面 H_j 的交叉重数至少为 m_j, 同时满足

$$\sum_{j=1}^{q}\left(1 - \frac{k}{m_j}\right) > (k+1)(n-k/2-1) + n.$$

令 $\varpi(j)$ 是超平面 H_j 的 Nochka 权重. 因为 G 是 k 非退化的, 所以可假设 $G(\Delta) \subset \mathbb{P}^k(\mathbb{C})$, $G = [g_0 : \cdots : g_k] : \Delta \to \mathbb{P}^k(\mathbb{C})$. 考虑 $H_j \cap \mathbb{P}^k(\mathbb{C})$, 显然, $\{H_j \cap$

$\mathbb{P}^k(\mathbb{C})\}$ 是处于 $(n-1)$ 次一般位置的. 为简便起见, 依然将其记作 $\{H_j\}$. 令 $\tilde{G}=(g_0,\cdots,g_k):\Delta\to\mathbb{P}^k(\mathbb{C})\setminus\{0\}$, 则曲面 M 上由欧氏空间 $\mathbb{R}^n$ 诱导出来的度量 $\mathrm{d}s^2$ 可以写成

$$\mathrm{d}s^2=2\|\tilde{G}\||\mathrm{d}z|^2. \tag{2.3.10}$$

由引理 2.9, 有

$$q-2(n-1)+k-1=\theta\left(\sum_{j=1}^q \varpi(j)-k-1\right),\quad 0<\varpi(j)\theta\leqslant 1$$

以及

$$\theta\leqslant\frac{2(n-1)-k+1}{k+1}=\frac{2n-k-1}{k+1}.$$

因此,

$$
\begin{aligned}
2\left(\sum_{j=1}^q\varpi(j)\left(1-\frac{k}{m_j}\right)-k-1\right)&=\frac{2\theta\left(\sum\limits_{j=1}^q\varpi(j)-k-1\right)}{\theta}-2\sum_{j=1}^q\frac{k\varpi(j)\theta}{\theta m_j}\\
&=\frac{2(q-2n+k+1)}{\theta}-2\sum_{j=1}^q\frac{k\varpi(j)\theta}{\theta m_j}\\
&\geqslant\frac{2(q-2n+k+1)}{\theta}-2\sum_{j=1}^q\frac{k}{\theta m_j}\\
&=\frac{2\left[\sum\limits_{j=1}^q(1-k/m_j)-2n+k+1\right]}{\theta}\\
&\geqslant\frac{2\left[\sum\limits_{j=1}^q(1-k/m_j)-2n+k+1\right](k+1)}{2n-k-1}\\
&>k(k+1).
\end{aligned}
$$

令

$$\rho=\frac{k(k+1)/2+\sum\limits_{s=0}^{k-1}(k-s)^2 2q/L}{\sum\limits_{j=1}^q\varpi(j)(1-k/m_j)-(k+1)-(k^2+2k-1)2q/L}, \tag{2.3.11}$$

$$\gamma = \frac{k(k+1)/2 + qk(k+1)/L + 2q/L \sum\limits_{s=0}^{k-1} s(s+1)}{\sum\limits_{j=1}^{q} \varpi(j)(1-k/m_j) - (k+1) - (k^2+2k-1)2q/L}, \tag{2.3.12}$$

$$\delta = \frac{1}{(1-\gamma)\left[\sum\limits_{j=1}^{q} \varpi(j)(1-k/m_j) - (k+1) - (k^2+2k-1)2q/L\right]}. \tag{2.3.13}$$

选择合适的 L 使得

$$\frac{\sum\limits_{j=1}^{q} \varpi(j)(1-k/m_j) - (k+1) - k(k+1)/2}{k^2+2k-1 + \sum\limits_{s=0}^{k}(k-s)^2}$$

$$> 2q/L > \frac{\sum\limits_{j=1}^{q} \varpi(j)(1-k/m_j) - (k+1) - k(k+1)/2}{1/q + (k^2+2k-1) + k(k+1)/2 + \sum\limits_{s=0}^{k-1} s(s+1)}.$$

不难验证,

$$0 < \rho < 1, \quad 2\delta/L > 1. \tag{2.3.14}$$

考虑开集

$$M' = M \setminus \left(\{\tilde{G}_k = 0\} \bigcup_{1 \leqslant j \leqslant q, 0 \leqslant s \leqslant k-1} \{\tilde{G}_s(H_j) = 0\}\right),$$

同时定义函数

$$\upsilon = \left(\frac{\prod\limits_{j=1}^{q} |G(H_j)|^{\varpi(j)(1-k/m_j)}}{\prod\limits_{s=0}^{k-1}\prod\limits_{j=1}^{q} |\tilde{G}_s(H_j)|^{4/L}|\tilde{G}_k|^{1+2q/L}}\right)^{\delta}.$$

由引理 2.14 知道, $\upsilon(z)$ 是 M' 上连续的严格正函数.

设 $\pi : \tilde{M}' \to M'$ 是 M' 上的万有覆盖映射. 因为 $\log \upsilon \circ \pi$ 在 M' 上调和, 所以可选取全纯函数 β 使得 $|\beta| = \upsilon \circ \pi$. 不失一般性, 可假设 M' 包含 $\mathbb{C}$ 中的原点 0. 正如 H. Fujimoto 在文献 [5], [30], [42] 中描述的那样, 对于每个 $\tilde{p} \in \tilde{M}'$, 存在

连续曲线 $\gamma_{\tilde{p}} : [0,1] \to M'$ 满足 $\gamma_{\tilde{p}}(0) = 0, \gamma_{\tilde{p}}(1) = \pi(\tilde{p})$. 令 $\tilde{0}$ 表示对应 0 处的常数曲线. 设

$$w = F(\tilde{p}) = \int_{\gamma_{\tilde{p}}} \beta(z) \mathrm{d}z.$$

F 是 M' 上满足 $F(\tilde{0}) = 0, \mathrm{d}F(\tilde{p}) \neq 0$, $\tilde{p} \in M'$ 的单值全纯函数. 选择最大的 $R(\leqslant \infty)$ 使得 F 将 $\tilde{0}$ 的某个邻域 U 双全纯映射到开圆盘 Δ_R, 考虑映射 $B = \pi \circ (F|U)^{-1} : \Delta_R \to M'$. 由 Liouville 定理知道, $R = \infty$ 是不可能的.

根据 $w = F(z)$ 的定义, 有

$$|\mathrm{d}w/\mathrm{d}z| = \upsilon(z). \tag{2.3.15}$$

对于每点 $a \in \partial\Delta$, 考虑曲线

$$L_a := w = ta, \quad 0 \leqslant t < 1$$

以及该曲线在映射 B 下的像 Γ_a. 接下来证明存在点 $a_0 \in \partial\Delta_R$ 使得 Γ_{a_0} 趋于 M 的边界. 不然的话, 对于每个 $a \in \partial\Delta_R$, 存在序列 $\{t_\nu : \nu = 1, 2, \cdots\}$ 使得 $\lim\limits_{\nu \to \infty} t_\nu = 1$, 且 $z_0 = \lim\limits_{\nu \to \infty} B(t_\nu a)$ 落在 M 的内部. 假设 $z_0 \notin M'$, 取 $\delta_0 = 4\delta/L > 1$. 由引理 2.14 知,

$$\liminf_{z \to z_0} |\tilde{G}_k|^{\delta_0} \prod_{1 \leqslant j \leqslant q, 1 \leqslant s \leqslant k-1} |\tilde{G}_s(H_j)|^{2\delta_0} \cdot \upsilon > 0.$$

如果 $\tilde{G}_k(z_0) = 1$ 或者 $\tilde{G}_s(H_j)(z_0) = 0$, 那么存在正常数 c 使得在 z_0 的某个邻域中, $\upsilon \geqslant c/|z - z_0|^{\delta_0}$, 从而

$$\begin{aligned} R &= \int_{L_a} |\mathrm{d}w| = \int_{L_a} \left|\frac{\mathrm{d}w}{\mathrm{d}z}\right| |\mathrm{d}z| = \int \upsilon(z) |\mathrm{d}z| \\ &\geqslant c \int_{\Gamma_a} \frac{1}{|z - z_0|^{\delta_0}} |\mathrm{d}z| = \infty. \end{aligned}$$

这是一个矛盾, 所以 $z_0 \in M'$. 选取 z_0 处的一个单连通邻域 V, 它是 M' 的相对紧集. 取 $C' = \min\limits_{z \in \bar{V}} \upsilon(z) > 0$. 我们断言: 存在 t_0 使得 $B(ta) \in V(t_0 < t < 1)$. 否则的话, Γ_a 将在 ∂V 与 z_0 的充分小的邻域之间来来回回往返无数次, 这样就得到了以下矛盾:

$$R = \int_{L_a} |\mathrm{d}w| \geqslant C' \int_{\Gamma_a} |\mathrm{d}z| = \infty.$$

通过相同的讨论, 可得 $\lim\limits_{t \to 1} B(ta) = z_0$. 因为 π 将 $\pi^{-1}(V)$ 中的每个连通分支双全纯映射到 V, 所以极限

$$\tilde{p}_0 = \lim_{t \to 1}(F|U)^{-1}(ta) \in \tilde{M}'$$

存在. 这样 $(F|U)^{-1}$ 在点 a 的邻域处有全纯延拓. 因为 a 是任意的, 所以 F 将 $\bar{U}$ 的开邻域双全纯映射到 $\bar{\Delta}_R$ 的一个开邻域. 这与 R 的最大选择相矛盾. 这样就证明了存在 $a_0 \in \partial\Delta_R$ 使得 Γ_{a_0} 趋于 M 的边界.

接下来, 我们将通过证明 Γ_{a_0} 的长度有限来说明其与曲面 M 的完备性是冲突的. 由式 (2.3.15) 和 $|\mathrm{d}w/\mathrm{d}z| = \upsilon(z)$, 有

$$
\begin{aligned}
\left|\frac{\mathrm{d}w}{\mathrm{d}z}\right| &= |\upsilon(z)|^{1-\gamma}\left|\frac{\mathrm{d}w}{\mathrm{d}z}\right|^{\gamma} \\
&= \left(\frac{\prod\limits_{j=1}^{q}|G(H_j)|^{\varpi(j)(1-k/m_j)}}{\prod\limits_{s=0}^{k-1}\prod\limits_{j=1}^{q}|\tilde{G}_s(H_j)|^{4/L}|\tilde{G}_k|^{1+2q/L}}\right)^{\overline{\sum\limits_{j=1}^{q}\varpi(j)(1-k/m_j)-(k+1)-(k^2+2k-1)2q/L}} \left|\frac{\mathrm{d}w}{\mathrm{d}z}\right|^{\gamma}.
\end{aligned}
$$

$$\tag{2.3.16}$$

令 $Z(w) = \tilde{G} \circ B(w), Z_0(w) = g_0 \circ B(w), \cdots, Z_k(w) = g_k \circ B(w)$. 因为

$$Z \wedge Z' \wedge \cdots \wedge Z^{(s)} = (\tilde{G} \wedge \cdots \wedge \tilde{G}^{(s)})\left(\frac{\mathrm{d}z}{\mathrm{d}w}\right)^{s(s+1)/2},$$

所以

$$\left|\frac{\mathrm{d}w}{\mathrm{d}z}\right| = \left(\frac{\prod\limits_{j=1}^{q}|Z(H_j)|^{\varpi(j)(1-k/m_j)}}{\prod\limits_{s=0}^{k-1}\prod\limits_{j=1}^{q}|Z_s(H_j)|^{4/L}|Z_k|^{1+2q/L}}\right)^{\overline{\sum\limits_{j=1}^{q}\varpi(j)(1-k/m_j)-(k+1)-(k^2+2k-1)2q/L}},$$

$$\tag{2.3.17}$$

这里 $Z_s = Z \wedge Z' \wedge \cdots \wedge Z^{(s)}$.

另外, 由 $\mathrm{d}s^2 = 2|\tilde{G}|^2|\mathrm{d}z|^2$ 诱导出来的 Δ_R 上的度量可以表示为

$$B^*\mathrm{d}s^2 = 2|\tilde{G}(B(w))|^2|\frac{\mathrm{d}z}{\mathrm{d}w}|^2|\mathrm{d}w|^2. \tag{2.3.18}$$

结合式 (2.3.15) 和式 (2.3.16) 有

$$B^*\mathrm{d}s=2|Z|\left(\frac{\displaystyle\prod_{s=0}^{k-1}\prod_{j=1}^{q}|Z_s(H_j)|^{4/L}|Z_k|^{1+2q/L}}{\displaystyle\prod_{j=1}^{q}|Z(H_j)|^{\varpi(j)(1-k/m_j)}}\right)^{\frac{1}{\sum\limits_{j=1}^{q}\varpi(j)(1-k/m_j)-(k+1)-(k^2+2k-1)2q/L}}|\mathrm{d}w|.$$

利用引理 2.8, 有

$$B^*\mathrm{d}s\leqslant c\left(\frac{2R}{R^2-|w|^2}\right)^{\rho}|\mathrm{d}w|,$$

这里 c 是正常数. 因为 $\rho<1$, 这就使得从原点到 M 边界的距离 $d(0)$ 可以有如下估计:

$$d(0)\leqslant\int_{\Gamma_{a_0}}\mathrm{d}s=\int_{L_{a_0}}B^*\mathrm{d}s\leqslant c\int_0^R\left(\frac{2R}{R^2-|w|^2}\right)^{\rho}|\mathrm{d}w|<\infty.$$

这与曲面 M 的完备性相矛盾, 即定理 2.10 的前半部分得证. 对于定理 2.10 的后半部分, 如果 G 不是常值映射, 那么存在 $1\leqslant k\leqslant n-1$ 使得 G 是 k 非退化的. 根据定理 2.10 的前半部分结论, $\sum\limits_{j=1}^{q}\left(1-\frac{k}{m_j}\right)\leqslant(k+1)\left(n-\frac{k}{2}-1\right)+n.$ 此外, 对于任意的 $1\leqslant k\leqslant n-1$, 有

$$(k+1)\left(n-\frac{k}{2}-1\right)+n\leqslant n(n+1)/2,$$

$$\sum_{j=1}^{q}\left(1-\frac{n-1}{m_j}\right)\leqslant\sum_{j=1}^{q}\left(1-\frac{k}{m_j}\right).$$

不难得到

$$\sum_{j=1}^{q}\left(1-\frac{n-1}{m_j}\right)\leqslant n(n+1)/2.$$

这与假设条件是矛盾的, 因此, G 是常值映射, 即 M 是平坦的.　　　□

2.4　$\mathbb{R}^n$ 中极小曲面的 Gauss 曲率估计

设 $X:M\to\mathbb{R}^n$ 是一个 $\mathbb{R}^n$ 中的极小曲面, M 是一个连通的、定向的、不带边的二维实流形,

$$X=(x_1,\cdots,x_n)$$

是一个浸入映射. 在局部的等温坐标 (u, v) 下, M 可被看作一个 Riemann 曲面. 极小曲面上的推广型 Gauss 映射

$$G = \left[\frac{\partial x_1}{\partial z} : \cdots : \frac{\partial x_n}{\partial z} \right] : M \to Q_{n-2}(\mathbb{C}) \subset \mathbb{P}^{n-1}(\mathbb{C})$$

是一个全纯映射, $z = u + \mathrm{i}v$. M 上所诱导出来的度量可表示为 $\mathrm{d}s^2 = \sum_{j=1}^{n} |\frac{\partial x_j}{\partial z}|^2 \mathrm{d}z \mathrm{d}\bar{z}$. 这时曲面的 Gauss 曲率估计式可以写成 (参考文献 [43])

$$\mathfrak{K} = -4 \frac{|\tilde{G} \wedge \tilde{G}'|^2}{|\tilde{G}|^6} = -4 \frac{\sum\limits_{j<k} |g_j g_k' - g_k g_j'|^2}{\left(\sum\limits_{j=1}^{n} |g_j|^2 \right)^3}, \tag{2.4.1}$$

这里 $\tilde{G} = (g_1, \cdots, g_n), g_j = \frac{\partial x_j}{\partial z}, 1 \leqslant j \leqslant n$.

让我们先回顾 $\mathbb{R}^n$ 中关于极小曲面的构造性结论.

定理 2.11(参考文献 [2]) 设 M 是一个开的 Riemann 曲面, $\omega_i = f_i \mathrm{d}z (1 \leqslant i \leqslant n)$ 是 M 上没有公共零点、没有实周期的全纯形式, 它满足

$$f_1^2 + f_2^2 + \cdots + f_n^2 = 0,$$

这里 f_i 是一些全纯函数. 对于任意 $z_0 \in M$, 令

$$x_i = 2\mathrm{Re} \int_{z_0}^{z} \omega_i,$$

那么曲面 $X = (x_1, \cdots, x_n) : M \to \mathbb{R}^n$ 是浸入在 $\mathbb{R}^n$ 中的极小曲面, $G = [\omega_1 : \cdots : \omega_n] : M \to Q_{n-2}(\mathbb{C})$ 是曲面上的 Gauss 映射, 同时诱导出的曲面度量可以表示为

$$\mathrm{d}s^2 = 2(|\omega_1|^2 + \cdots + |\omega_n|^2).$$

对于 $\mathbb{R}^n$ 中的完备极小曲面 $X : M \to \mathbb{R}^n$, M. Ru 在文献 [44] 中证明了如果曲面上的 Gauss 映射 G 不取 $\mathbb{P}^{n-1}(\mathbb{C})$ 中超过 $n(n+1)/2$ 个处于一般位置的超平面, 那么 G 是常值, 即该极小曲面一定是平面. 对于任意给定的 $p \in M$, 若用 $d(p)$ 表示 p 点到曲面边界的测地距离, 则根据曲面 M 的完备性条件有 $d(p) \equiv \infty$. 此外,

若曲面为平面, 则该点的曲率为零. 对于浸入在 $\mathbb{R}^n$ 中的极小曲面, R. Osserman 与 M. Ru 在文献 [7] 中给出了曲面上各点处的曲率和测地距离之间的关系.

定理 2.12(参考文献 [7]) 设 $X : M \to \mathbb{R}^n$ 是浸入在 $\mathbb{R}^n$ 中的极小曲面. 假设曲面上的推广型 Gauss 映射 G 不取 $\mathbb{P}^{n-1}(\mathbb{C})$ 中超过 $n(n+1)/2$ 个处于一般位置的超平面, 那么存在不依赖曲面本身且仅与这些超平面相关的常数 C 使得

$$\Re(p)^{1/2}d(p) \leqslant C, \tag{2.4.2}$$

这里 $\Re(p)$ 表示曲面上点 p 处的 Gauss 曲率.

R. Osserman 曾证实对于 $\mathbb{R}^n$ 中的任意极小曲面, 若曲面上的 Gauss 映射不取 $\mathbb{P}^{n-1}(\mathbb{C})$ 中某些超平面的邻域, 则该极小曲面上的各点必满足式 (2.4.2)[3]. 定理 2.12 则可以看成该结果的进一步提升. 为给出定理 2.12 的证明, 需要以下引理.

引理 2.16(参考文献 [7]) 设 $f_j : M \to N$ 是一列定义在两个连通复流形 M, N 之间的全纯映射, 且在 M 上的每个局部紧子集上一致收敛于全纯映射 f. 如果每个 f_j 不取 N 中的除子 D, 那么 f 不取 D 或者 f 的整个像集落在 D 中.

引理 2.17(参考文献 [7]) 用 Δ_r 表示圆心在原点、半径为 $r(0 < r < 1)$ 的圆盘, 用 R 表示单位圆盘中 Δ_r 对应的双曲半径. 令 $\mathrm{d}s^2 = \lambda^2(z)|\mathrm{d}z|^2$ 为 Δ_r 上任意给定的共形度量, 在这个度量下, 原点到 $|z| = r$ 上的点的测地距离大于或等于 R. 如果在度量 $\mathrm{d}s^2$ 下曲面对应的 Gauss 曲率 $\Re$ 满足 $-1 \leqslant \Re \leqslant 0$, 那么在度量 $\mathrm{d}s^2$ 下, 原点到圆盘 Δ_r 中任意点的距离都大于或等于对应两点的双曲距离.

注 2.3(参考文献 [7]) 单位圆盘上的双曲度量为

$$\mathrm{d}\hat{s}^2 = \hat{\lambda}(z)^2|\mathrm{d}z|^2, \quad \hat{\lambda}(z) = \frac{2}{1 - |z|^2}.$$

在双曲度量下, 曲面的 Gauss 曲率 $\Re \equiv -1$. 因为

$$R = \int_0^r \hat{\lambda}(z)|\mathrm{d}z| = \int_0^r \frac{2}{1 - t^2}\mathrm{d}t = \log\frac{1 + r}{1 - r},$$

故由引理 2.17 有

$$\rho(z) \geqslant \hat{\rho}(z) = \log\frac{1 + |z|}{1 - |z|},$$

这里的 $\rho(z), \hat{\rho}(z)$ 分别表示在 $\mathrm{d}s^2$ 和双曲度量下的原点到 z 点的距离.

关于引理 2.17 的证明, 可参考文献 [45] 中的引理 6. 以下是具体的细节.

引理 2.17 的证明 通过 R 和 r 之间的关系式可直接得到

$$\frac{\mathrm{d}R}{\mathrm{d}r} = \frac{2}{1-r^2} > 0, \quad r = \frac{\mathrm{e}^R - 1}{\mathrm{e}^R + 1}$$

或者 $|z| = \frac{\mathrm{e}^{\hat{\rho}(z)}-1}{\mathrm{e}^{\hat{\rho}(z)}+1}$. 对两个度量 $\mathrm{d}s^2, \mathrm{d}\hat{s}^2$ 应用文献 [46] 中的比较定理. 用 Δ 和 $\hat{\Delta}$ 分别表示两个度量 $\rho, \hat{\rho}$ 下的拉普拉斯算子, 对于任意光滑单调递增函数 f, 有

$$\Delta(f \circ \rho) \leqslant \hat{\Delta}(f \circ \hat{\rho}).$$

注意, 函数

$$\log|z| = \log \frac{\mathrm{e}^{\hat{\rho}(z)} - 1}{\mathrm{e}^{\hat{\rho}(z)} + 1}$$

是调和的. 令

$$f(t) = \log \frac{\mathrm{e}^t - 1}{\mathrm{e}^t + 1},$$

在 $0 < |z| < 1$ 上, 有 $\hat{\Delta}(f \circ \hat{\rho}) \equiv 0$. 根据文献 [46] 中的比较定理, 有

$$\Delta(f \circ \rho) \leqslant 0,$$

即 $f \circ \rho$ 是上调和的. 在原点附近, $\rho(z) \sim \lambda(0)|z|$. 函数

$$f \circ \rho - \log|z| = \log \frac{1}{|z|} \frac{\mathrm{e}^{\rho(z)} - 1}{\mathrm{e}^{\rho(z)} + 1}$$

在 $0 < |z| < r$ 上是上调和的, 同时在原点附近是有界的. 根据最小值原理, 其在边界 $|z| = r$ 上取最小值. 因为在 $|z| = r$ 上有 $\rho(z) \geqslant R$, 所以对于 $|z| < r$, 有

$$\log \frac{1}{|z|} \frac{\mathrm{e}^{\rho(z)} - 1}{\mathrm{e}^{\rho(z)} + 1} \geqslant \log \frac{1}{|r|} \frac{\mathrm{e}^R - 1}{\mathrm{e}^R + 1} = 0.$$

因此,

$$\frac{\mathrm{e}^{\rho(z)} - 1}{\mathrm{e}^{\rho(z)} + 1} \geqslant |z| = \frac{\mathrm{e}^{\hat{\rho}(z)} - 1}{\mathrm{e}^{\hat{\rho}(z)} + 1},$$

这就蕴含着 $\rho(z) \geqslant \hat{\rho}(z)$. 引理 2.17 得证. □

下面介绍引理 2.17 的一个应用.

引理 2.18(参考文献 [7])　　令 $\{\mathrm{d}s_l^2\}$ 是单位圆盘 Δ 上的一列共形度量, 且曲面在对应度量下的 Gauss 曲率满足 $-1 \leqslant \mathscr{R}_l \leqslant 0$. 假设 Δ 在度量 $\mathrm{d}s_l^2$ 下的测地半径为 R_l, $R_l \to \infty$, 同时度量 $\{\mathrm{d}s_l^2\}$ 内闭一致收敛于 $\mathrm{d}s^2$, 则在度量 $\mathrm{d}s^2$ 下, 原点到 Δ 中任意点的距离大于或等于相对应的双曲距离. 特别地, $\mathrm{d}s^2$ 是完备度量.

证明　　对于单位圆盘 D 上的点 z, 用 $\rho_l(z)$ 表示在度量 $\mathrm{d}s_l^2$ 下原点到 z 的距离, 用 $\rho(z)$ 表示在度量 $\mathrm{d}s^2$ 下原点到 z 的距离. 设 $|z| = r_l$ 表示 D 中双曲半径为 R_l 的圆周. 根据注记 2.3, 有

$$R_l = \log \frac{1 + r_l}{1 - r_l}.$$

令 $w = r_l z$, 在 $|w| < r_l$ 上应用引理 2.17 得

$$\rho_l(w) \geqslant \log \frac{1 + |w|}{1 - |w|} = \log \frac{1 + r_l|z|}{1 - r_l|z|}.$$

当 $l \to \infty$ 时, $R_l \to \infty$, $r_l \to 1$. 因此, 根据局部一致收敛性, 有

$$\rho(z) = \lim_{l \to \infty} \rho_l(z) \geqslant \lim_{r_l \to 1} \log \frac{1 + r_l|z|}{1 - r_l|z|} = \log \frac{1 + |z|}{1 - |z|},$$

这就完成了引理的证明. □

引理 2.19(参考文献 [7])　　设 $X : M \to \mathbb{R}^n$ 是 $\mathbb{R}^n$ 中完备的极小曲面. 曲面上的 Gauss 映射 G 不取 $\mathbb{P}^{n-1}(\mathbb{C})$ 中的超平面 $H_1, \cdots, H_q$, 同时 $G(M) \subset \mathbb{P}(V)$, V 是 $\mathbb{C}^n$ 中维数为 k 的子空间. 假设 $H_1 \subset \mathbb{P}(V), \cdots, H_q \subset \mathbb{P}(V)$ 在 $\mathbb{P}(V)$ 中是处于一般位置的, $q > k(k+1)/2$, 那么 G 是常值映射.

接下来的结果来自 M. Green, 他证明了 $\mathbb{P}^n(\mathbb{C})$ 在除去 $2n+1$ 个处于一般位置的超平面集合后是 "完备 Kobayashi 双曲" 的 [47].

引理 2.20(参考文献 [47])　　设 $H_1, \cdots, H_q$ 是 $\mathbb{P}^n(\mathbb{C})$ 中处于一般位置的超平面. 如果 $q \geqslant 2n+1$, 那么 $Y = \mathbb{P}^n(\mathbb{C}) \setminus \bigcup\limits_{j=1}^{q} H_j$ 是完备双曲的, 即 Y 可以双曲地嵌入 $\mathbb{P}^n(\mathbb{C})$ 中. 如果 $\Delta(\subset \mathbb{C})$ 是单位圆盘, $\mathcal{H}$ 是 $\mathrm{Hol}(\Delta, Y)$ 的子集, 那么 $\mathcal{H}$ 在 $\mathrm{Hol}(\Delta, \mathbb{P}^n(\mathbb{C}))$ 中是相对紧的 (即 $\mathcal{H}$ 是正规的), 也就是说, 任意给定 $\mathcal{H}$ 中的一个序列 $\{g_l\}$, 存在一个子列在 Δ 上内闭一致收敛于 $\mathrm{Hol}(\Delta, \mathbb{P}^n(\mathbb{C}))$ 中的一个元素.

上面提到的 "完备 Kobayashi 双曲" 和 "双曲嵌入" 等概念可参考文献 [48].

引理 2.21(参考文献 [7]) M 是一个 Riemann 曲面, 全纯函数列 $G^{(l)}: M \to \mathbb{P}^n(\mathbb{C})$ 在 M 上内闭一致收敛于全纯映射 $G: M \to \mathbb{P}^n(\mathbb{C})$. 给定 $\mathbb{P}^n(\mathbb{C})$ 中的两个超平面 H_1, H_2. 取 $p \in M$, 如果存在一个邻域 U_p, 使得对于任意 $z \in U_p$ 有 $\tilde{G}(H_2)(z) \neq 0$, 这里 $\tilde{G} = (g_0, g_1, \cdots, g_n)$ 是 G 在 U_p 上的一个约化表示, 那么 $\{\tilde{G}^{(l)}(H_1)/\tilde{G}^{(l)}(H_2)\}$ 在 U_p 上一致收敛于 $\frac{\tilde{G}(H_1)}{\tilde{G}(H_2)}$, 这里 $\tilde{G}^{(l)}$ 是 $G^{(l)}$ 在 U_p 上的一个约化表示.

引理 2.22(参考文献 [7]) $X_l = (x_{1l}, \cdots, x_{nl}): M \to \mathbb{R}^n$ 是一列极小浸入映射, $G_l: M \to \mathbb{P}^{n-1}(\mathbb{C})$ 是曲面上一列与之对应的推广型 Gauss 映射. 假定 $\{G_{(l)}\}$ 在 M 上内闭一致收敛于一个非常值的全纯映射 $G: M \to \mathbb{P}^{n-1}(\mathbb{C})$, 且存在一点 $p_0 \in M$ 使得对于每个 $1 \leqslant j \leqslant n$, $\{x_{jl}(p_0)\}$ 都是收敛的. 如果 $\mathfrak{K}_l$ 表示该列曲面对应的 Gauss 曲率, 且 $\{|\mathfrak{K}_l|\}$ 是一致有界的, 那么

(i) $\{\mathfrak{K}_l\}$ 中存在收敛到 0 的子列 $\{\mathfrak{K}_{l_i}\}$;

(ii) $\{X_l\}$ 中的子列 $\{X_{l_i}\}$ 收敛于极小浸入映射 $X: M \to \mathbb{R}^n$, G 是曲面上对应的 Gauss 映射.

定理 2.12 的证明 如果度量 $\mathrm{d}s^2$ 是完备的, 利用引理 2.19 知道 G 是常值, $\mathfrak{K}(\mathrm{d}s^2) \equiv 0$. 定理 2.12 显然成立. 接下来, 不妨假设 $\mathrm{d}s^2$ 在 M 上是不完备的.

如果定理 2.12 不成立, 那么存在一列非完备的极小曲面 $X_l: M_l \to \mathbb{R}^n$ 和点列 $p_l \in M_l$ 使得 $|\mathfrak{K}_l(p_l)| d_l^2(p_l) \to \infty$, 同时 Gauss 映射 $G^{(l)}: M_l \to \mathbb{P}^{n-1}(\mathbb{C})$ 均不取超过 $\frac{n(n+1)}{2}$ 个处于一般位置的超平面.

我们断言: 对于所有的 l, 可选择合适的曲面 M_l 和 p_l 使得 $\mathfrak{K}_l(p_l) = -1$ 和 $-4 \leqslant \mathfrak{K}_l \leqslant 0$ 成立. 如若不然, 我们可用以下方法来替代 M_l 和 p_l. 不失一般性, 不妨假设 M_l 是中心在 p_l 处的测地圆盘. 如果令

$$M_l^* = \left\{ p \in M_l : d_l(p, p_l) \leqslant \frac{d_l(p_l)}{2} \right\},$$

那么 $\{|\mathfrak{K}_l|\}$ 在 M_l^* 上是有界的, 再者若用 $d_l^*(p)$ 表示从 p 到 M_l^* 边界的距离, 则当 $p \to \partial M_l^*$ 时, $d_l^*(p)$ 趋于零. 综上所述, 存在内点 $p_l^* \in M_l^*$ 使得

$$|\mathfrak{K}_l(p_l^*)|(d_l^*(p_l^*))^2 = \max_{p \in M_l^*} |\mathfrak{K}_l(p)|(d_l^*(p))^2.$$

因此,

$$|\mathfrak{K}_l(p_l^*)|(d_l^*(p_l^*))^2 \geqslant |\mathfrak{K}_l(p_l)|(d_l^*(p_l))^2 = \frac{1}{4}|\mathfrak{K}_l(p_l)|(d_l(p_l))^2 \to \infty.$$

于是, 可用 M_l^* 代替 M_l. 此外, 还可通过放大或者缩小 M_l^* 使得 $\mathfrak{K}_l(p_l^*) = -\frac{1}{4}$. 注意, 在放大或者缩小的过程中, $|\mathfrak{K}(p)|d^2(p)$ 是保证不变的, 所以 $d_l^*(p_l^*) \to \infty$. 在不引起混淆的前提下, 用符号 d_l^* 表示度量调整后的测地距离. 再次假定 M_l^* 是中心在 p_l^* 的测地圆盘. 令

$$M_l^{**} = \left\{ p \in M_l^* : d_l(p, p_l^*) \leqslant \frac{d_l^*(p_l^*)}{2} \right\},$$

那么对于 $p \in M_l^{**}$, 有 $d_l^*(p) \geqslant \frac{d_l^*(p_l^*)}{2}$. 同时有

$$\frac{1}{4}|\mathfrak{K}_l(p)|(d_l^*(p_l^*))^2 \leqslant |\mathfrak{K}_l(p)|(d_l^*(p))^2 \leqslant |\mathfrak{K}_l(p_l^*)|(d_l^*(p_l^*))^2 \leqslant (d_l^*(p_l^*))^2. \quad (2.4.3)$$

因此, 对于任意的 $p \in M_l^{**}$, $|\mathfrak{K}_l(p)| \leqslant 4$. 我们可分别用 M_l^{**}, p_l^* 来代替 M_l, p_l. 如果用 $d_l^{**}(p)$ 表示从 p 到 M_l^{**} 的边界, 那么

$$d_l^{**}(p_l^*) = d_l(p_l^*, \partial M_l^{**}) = \frac{d_l^*(p_l^*)}{2} \to \infty. \quad (2.4.4)$$

这就证明了断言的正确性.

经过 $\mathbb{R}^n$ 中合适的变换, 不妨假设 $X_l(p_l) = 0$. 同样, 不妨假设 M_l 是单连通的 (如有必要, 可选取其万有覆盖使之成立). 根据单值化定理, M_l 共形等价于 $\mathbb{C}$ 或者单位圆盘 Δ. 如果 M_l 共形等价于 $\mathbb{C}$, 且 $G^{(l)} : \mathbb{C} \to \mathbb{P}^{n-1}(\mathbb{C})$ 不取 $\mathbb{P}^{n-1}(\mathbb{C})$ 中超过 $\frac{n(n+1)}{2}$ 个处于一般位置的超平面, 那么由定理 2.10 知道 $G^{(l)}$ 一定为常值. 这样 $\mathfrak{K}_l \equiv 0$, 与事实 $\mathfrak{K}_l(p_l) = -1$ 相矛盾, 从而 M_l 共形等价于单位圆盘 Δ. 不失一般性, 假设 $M_l = \Delta$ 和 p_l 为原点. 因此, 我们可构造一列极小曲面 $X_l : \Delta \to \mathbb{R}^n$. 曲面上对应的 Gauss 映射 $G^{(l)} : \Delta \to \mathbb{P}^{n-1}(\mathbb{C})$ 不取超过 $2n - 1$ 个处于一般位置的超平面, 利用引理 2.20 知道 $\{G^{(l)}\}$ 是正规的, 即存在 $\{G^{(l)}\}$ 中的一个子列 $\{G^{(l_i)}\}$ (仍然记为 $\{G^{(l)}\}$), 在单位圆盘 Δ 中内闭一致收敛于全纯映射 g. 接下来证明 g 是非常值的, 同时从另外一个角度证明 g 是常值的, 从而导出矛盾.

假设 g 是一个常值映射, 那么 g 将把单位圆盘 Δ 映射成单点集 Q. 取一个不包含 Q 点的超平面 H, 令 U, V 分别表示 H, Q 的两个邻域. 选择适当的常数 C 使得

$$|\mathfrak{K}(p)|^{\frac{1}{2}} d(p) \leqslant C$$

对那些 Gauss 映射 G 满足不取 H 的邻域 U 的极小曲面都成立. 注意, 这个常数 C 不依赖极小曲面和 G. 选取 $r < 1$ 使得原点到圆周 $|z| = r$ 上点的双曲距离为 $R(> C)$. 因为 $\{G^{(l)}\}$ 在 $\Delta_r := \{z : |z| \leqslant r\}$ 上一致收敛于 g, 所以对于充分大的 l, $G^{(l)}$ 的像落在 Q 点的邻域 V 中, 即 $G^{(l)}$ 不取 H 的邻域 U. 因此, 用 $d_l(r)$ 表示原点 0 到 Δ_r 的边界的测地距离, 有估计式

$$|\mathfrak{K}_l(0)|^{\frac{1}{2}} d_l(r) \leqslant C.$$

又因为 $\mathfrak{K}_l(0) = -1$, 所以对于充分大的 l, 有

$$d_l(r) \leqslant C.$$

接下来利用引理 2.17 求出 $d_l(r)$ 的一个下界. 曲面 $X_l : \Delta \to \mathbb{R}^n$ 是一个测地半径为 $R_l(< +\infty)$ 的圆盘. 我们可选取合适的 r_l 使得 $\{w : |w| < r_l\}$ 的双曲半径为 R_l, 再令 $w = r_l z$. 圆周 $|z| = r$ 完全对应 $|w| = r_l r$. 由式 (2.4.4), $R_l \to \infty$, 所以当 $l \to \infty$ 时, $r_l \to 1$. 这就使得圆周 $|w| = r_l r$ 的双曲半径趋于 $|w| = r$ 的双曲半径 $R(> C)$. 另外, 根据引理 2.17 以及事实 $-1 \leqslant K_l \leqslant 0$, 原点到圆环 $|z| = r$ 上的点的距离 (等价于到 $|w| = r_l r$ 的距离) 不小于原点到圆环 $|w| = r_l r$ 上的点的双曲距离. 因此, $d_l(r) > C$, 这是一个矛盾, 从而证明了 g 不是一个常值映射.

根据以上分析, 引理 2.22 的条件都得到了满足. 因为 $|\mathfrak{K}_l(0)| = 1$, 所以引理 2.22 中的结论 (i) 不可能发生. 因此, 存在一个收敛于极小浸入映射 $X : \Delta \to \mathbb{R}^n$ 的子列 $\{X_{l_i}\}$, 同时其曲面的 Gauss 映射正好是 g. 利用引理 2.18 以及式 (2.4.4), 曲面 X 是完备的. 因为 $G^{(l)}$ 不取 $\mathbb{P}^{n-1}(\mathbb{C})$ 中处于一般位置的超平面 $\{H_j\}_{j=1}^q$, 所以根据 Hurwitz 定理 (引理 2.16), 要么 g 不取这些超平面 $\{H_j\}$, 要么 $g(\Delta) \subset \bigcap\limits_{j=1}^t H_j (1 \leqslant t \leqslant q)$ 成立. 不妨假设 $g(\Delta) \subset \bigcap\limits_{j=1}^t H_j = \mathbb{P}(V)$, 其中 V

是 $\mathbb{C}^n$ 中维数为 $n-t$ 的子空间, 那么 $g: \Delta \to \mathbb{P}(V)$ 不取 $\mathbb{P}(V)$ 中的这些超平面 $\{H_i \cap (\overset{t}{\underset{j=1}{\cap}} H_j)\}_{i=t+1}^q$. 显然, $H_{t+1} \cap (\overset{t}{\underset{j=1}{\cap}} H_j), \cdots, H_q \cap (\overset{t}{\underset{j=1}{\cap}} H_j)$ 是处于一般位置 的. 因为 $q-t > \frac{n(n+1)}{2} - t \geqslant \frac{(n-t)(n-t+1)}{2}$, 再次利用引理 2.19 知道 g 是一个常 值. 这样就完成了定理 2.12 的证明. $\qquad\square$

第 3 章 浸入调和曲面上的值分布理论

早在 20 世纪 60 年代, T. Klotz 便开始考虑将极小曲面上的值分布理论推广到一类调和浸入曲面上 [49,50]. 极小曲面作为一类非常特殊的调和曲面, 其曲面上 Gauss 映射的某些值分布性质可以被推广到更大类的曲面情形, 一些相关的值分布结果已建立 (参考文献 [51]~[61]). 例如, T. K. Milnor 在文献 [61] 中考虑了推广型 Gauss 映射 Φ 的性质, 并发现映射 Φ 和传统意义的 Gauss 映射在值分布性质方面存在很多类似的地方.

定理 3.1(参考文献 [61]) 令 $X = (X^1, \cdots, X^n) : M \to \mathbb{R}^n$ 是带有诱导度量的调和浸入曲面, M 是 Riemann 曲面. 如果 Φ 是 M 上的推广型 Gauss 映射, 则要么 $X(M)$ 是一个二维平面, 要么 $\Phi(M)$ 无限趋于 $\mathbb{P}^{n-1}(\mathbb{C})$ 中的每个超平面 $\sum\limits_{k=1}^{n} a_k w_k = 0$.

在上述结果中, 若考虑 X 是极小浸入映射的情形, 可参考文献 [8], [42].

3.1 浸入调和曲面上的 Picard 定理

假设 M 是一个 Riemann 曲面, 考虑以下正则的浸入映射:

$$X = (X^1, \cdots, X^n) : M \to \mathbb{R}^n \ (n \geqslant 3).$$

如果映射 X 是调和的, 那么称 $X(M)$(有时候也称 M) 是 $\mathbb{R}^n$ 中的一个调和浸入曲面. 在 Riemann 曲面 M 上取局部坐标 $z = u + \sqrt{-1}v$. 映射 X 是调和的当且仅当

$$\triangle X = 4 \left(\frac{\partial^2 X^1}{\partial z \partial \bar{z}}, \cdots, \frac{\partial^2 X^n}{\partial z \partial \bar{z}} \right) \equiv 0,$$

这里 $\frac{\partial}{\partial z} = \frac{1}{2} \left(\frac{\partial}{\partial u} - \sqrt{-1} \frac{\partial}{\partial v} \right)$, $\frac{\partial}{\partial \bar{z}} = \frac{1}{2} \left(\frac{\partial}{\partial u} + \sqrt{-1} \frac{\partial}{\partial v} \right)$. 不难发现, X 是调和的当且仅当

$$\phi := \frac{\partial X}{\partial z} = (\phi_1, \cdots, \phi_n) \tag{3.1.1}$$

是全纯的, 即 $\phi_i = \frac{\partial}{\partial z} X^i (i = 1, \cdots, n)$ 都是全纯函数. 这里的 ϕ_i 都是局部定义的, 考虑 M 上整体定义的全纯 1-形式 $\Phi_i := \phi_i dz$, 它与坐标的选取无关.

定义 3.1(参考文献 [62])　令 $X = (X^1, \cdots, X^n) : M \to \mathbb{R}^n$ 是一个调和浸入映射, M 是 Riemann 曲面. 映射 $\Phi = [\Phi_1 : \cdots : \Phi_n] : M \to \mathbb{P}^{n-1}(\mathbb{C})$ 被称为调和曲面 X 上的推广型 Gauss 映射, 这里 $\Phi_i := \left(\frac{\partial}{\partial z} X^i \right) dz (i = 1, \cdots, n)$.

3.1.1　浸入调和曲面上的诱导度量

假设 ds^2 是 M 上的度量, 它是通过映射 X 利用 $\mathbb{R}^n$ 上的标准度量诱导出来的. 在局部坐标 (u, v) 的意义下, 度量 ds^2 可以表达为

$$I = ds^2 = E du^2 + 2F du dv + G dv^2, \tag{3.1.2}$$

这里

$$E = X_u \cdot X_u, \quad F = X_u \cdot X_v, \quad G = X_v \cdot X_v.$$

利用式 (3.1.1),

$$X_u = \phi + \bar{\phi}, \quad X_v = \sqrt{-1}(\phi - \bar{\phi}).$$

利用复的局部坐标 $(z, \bar{z})$, 式 (3.1.2) 可表达为

$$ds^2 = h dz^2 + 2\|\phi\|^2 |dz|^2 + \overline{h dz^2}, \tag{3.1.3}$$

这里

$$h = \phi \cdot \phi = \frac{E - G - 2\sqrt{-1}F}{4}, \quad \|\phi\|^2 = \phi \cdot \bar{\phi} = \frac{E + G}{4}. \tag{3.1.4}$$

我们称度量 $\Gamma := 2\|\phi\|^2 |dz|^2$ 为 ds^2 的相关共形度量, 通常也称之为 Klotz 度量. 我们称二次微分 $\Omega := h dz^2$ 为 Hopf 微分, 显然,

$$|h| < \|\phi\|^2. \tag{3.1.5}$$

结合式 (3.1.5) 和式 (3.1.3), $\mathrm{d}s^2 \leqslant 4\|\phi\|^2|\mathrm{d}z|^2$. 如果 $\mathrm{d}s^2$ 是完备的, 那么相关 Klotz 度量 Γ 也是完备的 (也可参考文献 [63] 中的引理 1), 反之不一定. 若相关 Klotz 度量 Γ 是完备的, 则称浸入映射 X 是弱完备的.

用 $\mathfrak{K}(\mathrm{d}s^2)$ 表示在度量 $\mathrm{d}s^2$ 下曲面的 Gauss 曲率, 用 $\mathfrak{K}(\Gamma)$ 表示 Klotz 度量 $\Gamma = 2\|\phi\|^2|\mathrm{d}z|^2$ 情形下曲面的 Gauss 曲率. 据文献 [60] 中的引理 1, 存在正的函数 $\mu \leqslant 1$ 使得

$$\mathfrak{K}(\Gamma) \leqslant \mu\mathfrak{K}(\mathrm{d}s^2). \tag{3.1.6}$$

对于单位法向量域 $\boldsymbol{n}$ 中的任意单位法向量 $\boldsymbol{n}_j$, 可得到曲面的第二基本形式:

$$II(\boldsymbol{n}_j) = L_j\mathrm{d}u^2 + 2M_j\mathrm{d}u\mathrm{d}v + N_j v^2,$$

这里 $L_j = X_{uu}\cdot\boldsymbol{n}_j, M_j = X_{uv}\cdot\boldsymbol{n}_j, N_j = X_{vv}\cdot\boldsymbol{n}_j$. 容易看出, $L_j+N_j = \triangle X\cdot\boldsymbol{n}_j \equiv 0$. 这样就有

$$\det(II(\boldsymbol{n}_j)) = -(L_j^2 + M_j^2) \leqslant 0, \tag{3.1.7}$$

从而

$$\mathfrak{K}(\mathrm{d}s^2) = \frac{\displaystyle\sum_{j=1}^{n-2} \det(II(\boldsymbol{n}_j))}{EG - F^2} \leqslant 0,$$

这里 $(\boldsymbol{n}_j)$ 是 $n-2$ 个相互正交的单位法向量.

3.1.2 推广型 Gauss 映射的 Picard 定理

X. D. Chen, Z. X. Liu 和 M. Ru 将极小曲面上 Gauss 映射的值分布性质进一步考虑到了欧氏空间中浸入调和曲面的情形[62], 改进和推广了 K. T. Milnor , H. Fujimoto 和 M. Ru 等人的结果 (参考文献 [8], [23], [42], [61]).

定理 3.2(参考文献 [51], [62]) M 是一个开的 Riemann 曲面, $X = (X^1, \cdots, X^n) : M \to \mathbb{R}^n$ 是一个调和浸入映射. $\Phi = [\Phi_1 : \cdots : \Phi_n] : M \to \mathbb{P}^{n-1}(\mathbb{C})$ 是推广型的 Gauss 映射. 假设 X 关于诱导度量是弱完备的. 如果 Φ 不取超过 $\frac{n(n+1)}{2}$ 个处于一般位置的超平面, 那么 $X(M)$ 落在一个二维平面中.

注 3.1 注意, 这里映射 X 被假设为关于诱导度量 $\mathrm{d}s^2$ 是弱完备的, 即相关的 Klotz 度量 $2\|\phi\|^2|\mathrm{d}z|^2$ 是完备的.

引理 3.1(参考文献 [62])　$X = (X^1, \cdots, X^n) : M \to \mathbb{R}^n$ 是一个调和浸入映射, M 是 Riemann 曲面. 如果 M 上的推广型 Gauss 映射 Φ 是常值映射, 那么 $X(M)$ 落在一个二维平面中.

证明　用 $\mathfrak{K}(\Gamma)$ 表示 Klotz 度量 $\Gamma = 2\|\phi\|^2|\mathrm{d}z|^2$ 下曲面的 Gauss 曲率, 那么

$$\mathfrak{K}(\Gamma) = -\frac{\|\phi'\|^2\|\phi\|^2 - (\phi' \cdot \overline{\phi})(\overline{\phi'} \cdot \phi)}{(\|\phi\|^2)^3}.$$

因为 Φ 是常值, 所以 $\mathfrak{K}(\Gamma) \equiv 0$. 由式 (3.1.6) 有

$$0 = \mathfrak{K}(\Gamma) \leqslant \mu\mathfrak{K}(\mathrm{d}s^2),$$

这里 $\mu > 0$. 结合事实 $\mathfrak{K}(\mathrm{d}s^2) \leqslant 0$, 直接推出 $\mathfrak{K}(\mathrm{d}s^2) \equiv 0$. 再由式 (3.1.7) 有 $\det(II(\boldsymbol{n}_j)) \leqslant 0$, 进一步得到对所有的法向量 $\boldsymbol{n}_j$, 有 $II(\boldsymbol{n}_j) \equiv 0$, 从而 $X(M)$ 落在一个二维平面中.　　　　□

引理 3.2(参考文献 [23])　$\mathrm{d}\sigma^2$ 是开 Riemann 曲面 M 上的一个平坦的共形度量, 那么对于每一点 $p \in M$, 存在一个将圆盘 $\Delta_R = \{w \in \mathbb{C} \mid |w| < R\}(0 < R \leqslant \infty)$ 映到 p 点的一个开邻域的局部的微分同构映射 Ψ, 该映射满足 $\Psi(0) = p$, 是一个局部等距映射 (即拉回度量 $\Psi^*(\mathrm{d}\sigma^2)$ 等于 Δ_R 上标准的欧氏度量 $\mathrm{d}s_E^2$), 同时存在满足 $|a_0| = 1$ 的 a_0, 使得线段 $L_{a_0} = \{w = a_0 t : 0 < t < R\}$ 在映射 Ψ 下的像 Γ_{a_0} 在 M 上是发散的.

关于定理 3.2 的证明可参考文献 [51].

定理 3.2 的证明　假设全纯映射 $\Phi : M \to \mathbb{P}^{n-1}(\mathbb{C})$ 不取 $\mathbb{P}^{n-1}(\mathbb{C})$ 中 $q(\geqslant \frac{n(n+1)}{2})$ 个处于一般位置的超平面 $H_1, \cdots, H_q$. 根据引理 3.1, 只需要证明 Φ 是一个常值映射. 不妨假设 M 是单连通的, 如有必要可取 M 的万有覆盖使其成立. 进一步, 利用单值化定理得知 M 共形等价于 $\mathbb{C}$ 或者单位圆盘 Δ. 根据 E. I. Nochka 关于 Cartan 猜想的相关结果 [39](也可参考文献 [38]), 当 M 共形等价于 $\mathbb{C}$ 时, Φ 是一个常数, 定理结论成立. 因此, 只需要考虑 M 为单位圆盘 Δ 的情形.

假设 Φ 不是常值映射, 将导出一个矛盾, 详情如下: 如果 Φ 不是一个常值, 那么存在 $k(1 \leqslant k \leqslant n-1)$ 使得 Φ 的像包含在 $\mathbb{P}^k(\mathbb{C}) \subset \mathbb{P}^{n-1}(\mathbb{C})$ 中, 但是不包含在任意维数低于 k 的子空间中. 换句话说, $\Phi : \Delta \to \mathbb{P}^k(\mathbb{C})$ 是线性非退化的. 取

$\varPhi$ 的一个约化表示 $\tilde{\varPhi} = (\phi_0, \phi_1, \cdots, \phi_k)$, 根据假设知道度量 $2\|\tilde{\varPhi}(z)\|^2|\mathrm{d}z|^2$ 是完备的. 令 $\tilde{H}_j := H_j \cap \mathbb{P}^k(\mathbb{C})$, $1 \leqslant j \leqslant q$. 这些超平面在 $\mathbb{P}^k(\mathbb{C})$ 中是处于 $n-1$ 次一般位置的. 不妨假设 $\tilde{H}_j$ 的表示为

$$\tilde{H}_j : a_{j0}z_0 + a_{j1}z_1 + \cdots + a_{jk}z_k = 0 \ (1 \leqslant j \leqslant q).$$

因为 $\varPhi : \Delta \to \mathbb{P}^k(\mathbb{C})$ 是线性非退化的, 所以 $\tilde{\varPhi}_k(z) \not\equiv 0$ 和 $\tilde{\varPhi}_s(\tilde{H}_j), 0 \leqslant s \leqslant k, 1 \leqslant j \leqslant q$ 都不恒为零. 再由式 (2.3.2), 对每个 $\tilde{\varPhi}_s(\tilde{H}_j)$, 都存在 $i_1, i_2, \cdots, i_s$ 使得

$$\psi_{js} := \sum_{t \neq i_1, \cdots, i_s} a_{jt} W(\phi_t, \phi_{i_1}, \cdots, \phi_{i_s}) \tag{3.1.8}$$

不恒为零. 注意, 这里每个 ψ_{js} 都是全纯函数, 只有孤立的零点.

用 $\varpi(j)$ 表示与超平面 $\{\tilde{H}_j\}$ 相对应的 Nochka 权重系数. 利用引理 2.9, 有

$$q - 2(n-1) + k - 1 = \theta \left(\sum_{j=1}^{q} \varpi(j) - k - 1 \right)$$

以及

$$\theta \leqslant \frac{2(n-1) - k + 1}{k+1}.$$

因为 $q > \frac{n(n+1)}{2}$, 对任意的 $1 \leqslant k \leqslant n-1$ 有

$$n(n+1)/2 \geqslant (k+1)(n-k/2-1) + n,$$

所以, 很容易验证

$$\frac{2[q - 2(n-1) + k - 1]}{k[2(n-1) - k + 1]} = \frac{2(q - 2n + k + 1)}{2kn - k^2 - k} > 1.$$

因此,

$$\frac{2\left(\sum_{j=1}^{q} \varpi(j) - k - 1\right)}{k(k+1)} = \frac{2[q - 2(n-1) + k - 1]}{\theta k(k+1)} \geqslant \frac{2[q - 2(n-1) + k - 1]}{k[2(n-1) - k + 1]} > 1,$$

这就蕴含着 $\sum_{j=1}^{q} \varpi(j) - k - 1 - \frac{k(k+1)}{2} > 0$.

令

$$\chi := \sum_{j=1}^{q} \varpi(j) - (k+1) - \frac{2q}{L}(k^2 + 2k - 1),$$

$$\lambda_0 := \frac{1}{\chi}\left(\left(1 + \frac{2q}{L}\right)\frac{1}{2}k(k+1) + \frac{2q}{L}\sum_{s=0}^{k-1} s(s+1)\right).$$

选择适当的 L 使得

$$\frac{\sum\limits_{j=1}^{q} \varpi(j) - k - 1 - \frac{k}{2}(k+1)}{\frac{2}{q} + \sum\limits_{s=0}^{k}(k-s)^2 + k^2 + 2k - 1} < \frac{2q}{L} < \frac{\sum\limits_{j=1}^{q} \varpi(j) - k - 1 - \frac{k}{2}(k+1)}{\sum\limits_{s=0}^{k}(k-s)^2 + k^2 + 2k - 1},$$

这就使得

$$0 < \lambda_0 < 1, \quad \frac{4}{L\chi(1 - \lambda_0)} > 1.$$

在 M' 上定义一个新的度量

$$\mathrm{d}\sigma^2 = \left(\frac{\prod\limits_{j=1}^{q} |\tilde{\Phi}(\tilde{H}_j)|^{\varpi(j)}}{|\tilde{\Phi}_k|^{1+\frac{2q}{L}}\prod\limits_{j=1}^{q}\left(\prod\limits_{s=0}^{k-1}|\psi_{js}|\right)^{\frac{4}{L}}}\right)^{\frac{2}{(1-\lambda_0)\chi}} |\mathrm{d}z|^2, \tag{3.1.9}$$

这里 $M' := \Delta \backslash \{p \in \Delta \mid$ 要么 $\tilde{\Phi}_k = 0$, 要么 $\prod\limits_{j=1}^{q}\prod\limits_{s=0}^{k-1}|\psi_{js}| = 0\}$.

很明显, $\mathrm{d}\sigma^2$ 是 M' 上平坦的共形度量. 固定一点 $p_0 \in M'$, 利用引理 3.2, 存在一个将 $\Delta_R = \{w \in \mathbb{C} : |w| < R\}(0 < R \leqslant \infty)$ 映射到 p_0 的一个开邻域的局部的微分同构映射 Ψ, 该映射满足 $\Psi(0) = p_0$, 是一个局部的等距映射. 同时, 存在满足 $|a_0| = 1$ 的 a_0 使得线段 $L_{a_0} = \{z = a_0 t : 0 < t < R\}$ 在映射 Ψ 下的像 Γ_{a_0} 在 M' 上是发散的. 根据 Liouville 定理, 因为 Φ 不是常值映射, 所以 $R < \infty$.

我们断言: Γ_{a_0} 发散到 Δ 的边界. 为此, 我们采用反证法, 假设曲线 Γ_{a_0} 发散到 z_0, 这里的 z_0 满足 $\tilde{\Phi}_k(z_0) = 0$ 或者 $\psi_{js}(z_0) = 0$. 这样的话,

$$\liminf_{z \to z_0} |\tilde{\Phi}_k|^{(L+2q)\delta_0/2} \prod_{1 \leqslant j \leqslant q, 1 \leqslant s \leqslant k-1} |\psi_{js}|^{2\delta_0} \cdot v > 0,$$

这里 $v = \left(\dfrac{\prod\limits_{j=1}^{q} |\tilde{\Phi}(\tilde{H}_j)|^{\varpi(j)}}{|\tilde{\Phi}_k|^{1+\frac{2q}{L}} \prod\limits_{j=1}^{q} \left(\prod\limits_{s=0}^{k-1} |\psi_{js}| \right)^{\frac{4}{L}}} \right)^{\frac{2}{(1-\lambda_0)\chi}}$, $\delta_0 = \dfrac{4}{L\chi(1-\lambda_0)} > 1$, 从而

$$R = \int_{L_{a_0}} \Psi^* d\sigma = \int_{\Gamma_{a_0}} d\sigma$$

$$= \int_{\Gamma_{a_0}} \left(\frac{\prod\limits_{j=1}^{q} |\tilde{\Phi}(\tilde{H}_j)|^{\varpi(j)}}{|\tilde{\Phi}_k|^{1+\frac{2q}{L}} \prod\limits_{j=1}^{q} \left(\prod\limits_{s=0}^{k-1} |\psi_{js}| \right)^{\frac{4}{L}}} \right)^{\frac{1}{(1-\lambda_0)\chi}} |dz|$$

$$\geqslant c \int_{\Gamma_{a_0}} \frac{1}{|z-z_0|^{\delta_0}} |dz| = \infty,$$

这是一个矛盾. 因此, $\Gamma_{a_0} = \Psi(L_{a_0})$ 发散到 Δ 的边界.

为了计算 Γ_{a_0} 在 Klotz 度量 $2\|\tilde{\Phi}\|^2 |dz|^2$ 下的长度, 我们引入一些定义在 $\{w | |w| < R\}$ 上的函数:

$$f_s := \phi_s \circ \Psi \ (0 \leqslant s \leqslant k),$$

$$F := (f_0, f_1, \cdots, f_k), \quad \|F\|^2 = |f_0|^2 + \cdots + |f_k|^2.$$

对于 $1 \leqslant j \leqslant q$, $0 \leqslant s \leqslant k$, 定义

$$F(H_j) := a_{j0} f_0 + \cdots + a_{jk} f_k, \quad F_k := W(f_0, f_1, \cdots f_k),$$

$$\varphi_{js} := \sum_{t \neq i_1, \cdots, i_s} a_{jt} W(f_t, f_{i_1}, \cdots, f_{i_s}),$$

这里的 $(i_1, \cdots, i_s)$ 就是式 (3.1.8) 中 ψ_{js} 的定义中的指标. 注意, 对于 $0 \leqslant s \leqslant k$,

$$F_s(w) = (F \wedge F' \wedge \cdots \wedge F^{(s)})(w) = (\tilde{\Phi} \wedge \cdots \wedge \tilde{\Phi}^{(s)})(z) \left(\frac{dz}{dw} \right)^{s(s+1)/2},$$

利用 Ψ 的等距性质, 由式 (3.1.9) 可以得到

$$|dw| = \Psi^* d\sigma = \Psi^* \left(\frac{\prod\limits_{j=1}^{q} |\tilde{\Phi}(\tilde{H}_j)|^{\varpi(j)}}{|\tilde{\Phi}_k|^{1+\frac{2q}{L}} \prod\limits_{j=1}^{q} \left(\prod\limits_{s=0}^{k-1} |\psi_{js}| \right)^{\frac{4}{L}}} \right)^{\frac{1}{(1-\lambda_0)\chi}} |dz|$$

$$= \left(\frac{\prod\limits_{j=1}^{q} |F(\tilde{H}_j)|^{\varpi(j)}}{|F_k|^{1+\frac{2q}{L}} \prod\limits_{j=1}^{q} \left(\prod\limits_{s=0}^{k-1} |\varphi_{js}| \right)^{\frac{4}{L}}} \right)^{\frac{1}{(1-\lambda_0)\chi}} \left| \frac{\mathrm{d}z}{\mathrm{d}w} \right|^{\frac{(1+\frac{2q}{L})\frac{k(k+1)}{2} + \frac{2q}{L}\sum\limits_{s=0}^{k-1} s(s+1)}{(1-\lambda_0)\chi}} |\mathrm{d}z|$$

$$= \left(\frac{\prod\limits_{j=1}^{q} |F(\tilde{H}_j)|^{\varpi(j)}}{|F_k|^{1+\frac{2q}{L}} \prod\limits_{j=1}^{q} \left(\prod\limits_{s=0}^{k-1} |\varphi_{js}| \right)^{\frac{4}{L}}} \right)^{\frac{1}{(1-\lambda_0)\chi}} \left| \frac{\mathrm{d}z}{\mathrm{d}w} \right|^{\frac{\lambda_0}{1-\lambda_0}} |\mathrm{d}z|,$$

所以

$$\frac{|\mathrm{d}w|}{|\mathrm{d}z|} = \left(\frac{\prod\limits_{j=1}^{q} |F(\tilde{H}_j)|^{\varpi(j)}}{|F_k|^{1+\frac{2q}{L}} \prod\limits_{j=1}^{q} \left(\prod\limits_{s=0}^{k-1} |\varphi_{js}| \right)^{\frac{4}{L}}} \right)^{\frac{1}{(1-\lambda_0)\chi}} \left| \frac{\mathrm{d}z}{\mathrm{d}w} \right|^{\frac{\lambda_0}{1-\lambda_0}},$$

即

$$\frac{|\mathrm{d}w|}{|\mathrm{d}z|} = \left(\frac{\prod\limits_{j=1}^{q} |F(\tilde{H}_j)|^{\varpi(j)}}{|F_k|^{1+\frac{2q}{L}} \prod\limits_{j=1}^{q} \left(\prod\limits_{s=0}^{k-1} |\varphi_{js}| \right)^{\frac{4}{L}}} \right)^{\frac{1}{\chi}}. \tag{3.1.10}$$

用 $l(\Gamma_{a_0})$ 表示曲线 Γ_{a_0} 在 Klotz 度量 $2\|\tilde{\Phi}\|^2 |\mathrm{d}z|^2$ 下的长度, 则由式 (3.1.10), 有

$$l(\Gamma_{a_0}) = \int_{\Gamma_{a_0}} \sqrt{2}\|\tilde{\Phi}\| |\mathrm{d}z| = \int_{L_{a_0}} \Psi^*(\sqrt{2}\|\tilde{\Phi}\| |\mathrm{d}z|)$$

$$= \int_{L_{a_0}} \sqrt{2}\|F\| \left(\frac{|F_k|^{1+\frac{2q}{L}} \prod\limits_{j=1}^{q} \left(\prod\limits_{s=0}^{k-1} |\varphi_{js}| \right)^{\frac{4}{L}}}{\prod\limits_{j=1}^{q} |F(\tilde{H}_j)|^{\varpi(j)}} \right)^{\frac{1}{\chi}} |\mathrm{d}w|$$

$$\leqslant \int_{L_{a_0}} \sqrt{2} \left(\frac{\|F\|^{\chi} |F_k|^{1+\frac{2q}{L}} \prod\limits_{j=1}^{q} \left(\prod\limits_{s=0}^{k-1} |F_s(\tilde{H}_j)| \right)^{\frac{4}{L}}}{\prod\limits_{j=1}^{q} |F(\tilde{H}_j)|^{\varpi(j)}} \right)^{\frac{1}{\chi}} |\mathrm{d}w|.$$

在上面的不等式中, 注意, 对所有的 $0 \leqslant s \leqslant k$, $1 \leqslant j \leqslant q$, 有 $|\varphi_{js}| \leqslant |F_s(\tilde{H}_j)|$ 成立. 根据引理 2.7 以及 $0 < \lambda_0 < 1$, 有

$$l(\Gamma_{a_0}) \leqslant C \int_0^R \left(\frac{2R}{R^2 - |w|^2} \right)^{\lambda_0} |\mathrm{d}w| < \infty,$$

这与 Klotz 度量 $2\|\tilde{\Phi}\|^2 |\mathrm{d}z|^2$ 的完备性相矛盾. 因此, Φ 是一个常值映射. 定理 3.2 得以证明. $\square$

3.1.3 涉及交叉重数的 Picard 定理

事实上, 定理 3.2 对于涉及零点重数的情形也是成立的.

定理 3.3(参考文献 [64]) 设 M 是一个开 Riemann 曲面, $X = (X^1, \cdots, X^n)$: $M \to \mathbb{R}^n$ 是一个调和浸入映射. 再令 $\Phi : M \to \mathbb{P}^{n-1}(\mathbb{C})$ 是曲面 M 上的推广型 Gauss 映射. 假设 X 关于诱导度量是弱完备的. 如果存在 q 个处于一般位置的超平面 $H_1, \cdots, H_q \subset \mathbb{P}^{n-1}(\mathbb{C})$ 使得对每个 $j \in \{1, \cdots, q\}$, $\Phi(H_j)$ 的零点重数至少为 m_j, 并且

$$\sum_{j=1}^q \left(1 - \frac{n-1}{m_j} \right) > \frac{n(n+1)}{2},$$

那么 $X(M)$ 落在一个二维平面中.

注 3.2 若 Φ 不取超平面 H_j, 则 $m_j = \infty (1 \leqslant j \leqslant q)$. 这时定理 3.3 可由定理 3.2 直接验证.

引理 3.3(参考文献 [41], [65]) 设 $F : \mathbb{C} \to \mathbb{P}^n(\mathbb{C})$ 是一个 k 非退化的全纯映射, $H_1, \cdots, H_q \subset \mathbb{P}^n(\mathbb{C})$ 是处于一般位置的超平面. 如果 $F(H_j)$ 的零点重数至少为 $m_j (1 \leqslant j \leqslant q)$, 那么

$$\sum_{j=1}^q \left(1 - \frac{k}{m_j} \right) \leqslant 2n - k + 1.$$

定理 3.3 的证明方法和定理 3.2 类似, 也可参考文献 [37], [62]. 为了方便读者阅读, 我们在这里详细描述定理 3.3 的证明过程.

定理 3.3 的证明 根据引理 3.1, 我们只需要证明 Φ 是一个常值映射. 不妨设 M 是单连通的, 同时由定理 3.2 的证明过程可知, M 可共形等价于 $\mathbb{C}$ 或者单

位圆盘 Δ. 关于 $\mathbb{C}$ 的情形, 可由引理 3.3(也可参考文献 [38]) 直接验证 Φ 是一个常值映射. 对于单位圆盘 Δ 的情形, 如果 Φ 不是一个常值映射, 那么 Φ 可以看作从 Δ 到 $\mathbb{P}^k(\mathbb{C})$ 的线性非退化映射, 这里 $1 \leqslant k \leqslant n-1$. 进一步, 取 Φ 的一个约化表示 $\tilde{\Phi} = (\phi_0, \phi_1, \cdots, \phi_k)$. 令 $\tilde{H}_j := H_j \cap \mathbb{P}^k(\mathbb{C})$, $1 \leqslant j \leqslant q$, 可知 $\tilde{H}_j$ 是 $\mathbb{P}^k(\mathbb{C})$ 中处于 $n-1$ 次一般位置的超平面. 同时可设

$$\tilde{H}_j : a_{j0}z_0 + a_{j1}z_1 + \cdots + a_{jk}z_k = 0 \ (1 \leqslant j \leqslant q).$$

用 $\tilde{\varpi}(j)$ 表示与超平面 $\tilde{H}_j$ 相关的 Nochka 权重系数. 由引理 2.9 有以下推导

$$\frac{2\left(\sum\limits_{j=1}^{q} \tilde{\varpi}(j)\left(1 - \dfrac{k}{m_j}\right) - k - 1\right)}{k(k+1)} = \frac{2\theta\left(\sum\limits_{j=1}^{q} \tilde{\varpi}(j) - k - 1 - \sum\limits_{j=1}^{q} \tilde{\varpi}(j)\dfrac{k}{m_j}\right)}{\theta k(k+1)}$$

$$\geqslant \frac{2\left(q - 2(n-1) + k - 1 - \sum\limits_{j=1}^{q} \dfrac{k}{m_j}\right)}{\theta k(k+1)}$$

$$= \frac{2\left(\sum\limits_{j=1}^{q}\left(1 - \dfrac{k}{m_j}\right) - 2n + k + 1\right)}{\theta k(k+1)}. \quad (3.1.11)$$

根据假设条件 $\sum\limits_{j=1}^{q}\left(1 - \dfrac{n-1}{m_j}\right) > \dfrac{n(n+1)}{2}$ 以及引理 2.9 中的结论, 有

$$\theta \leqslant \frac{2(n-1) - k + 1}{k+1},$$

对所有的 $1 \leqslant k \leqslant n-1$, 有

$$\frac{2\left(\sum\limits_{j=1}^{q} \tilde{\varpi}(j)\left(1 - \dfrac{k}{m_j}\right) - k - 1\right)}{k(k+1)} \geqslant \frac{2\left(\sum\limits_{j=1}^{q}\left(1 - \dfrac{k}{m_j}\right) - 2n + k + 1\right)}{\theta k(k+1)}$$

$$\geqslant \frac{2\left(\sum\limits_{j=1}^{q}\left(1 - \dfrac{k}{m_j}\right) - 2n + k + 1\right)}{k(2n - k - 1)}$$

$$\geqslant \frac{2\left(\sum_{j=1}^{q}\left(1-\dfrac{n-1}{m_j}\right)-2n+k+1\right)}{k(2n-k-1)}$$

$$\geqslant \frac{n^2-3n+2k+2}{k(2n-k-1)} \geqslant 1.$$

可选择一个正数 L 满足

$$\frac{\sum\limits_{j=1}^{q}\tilde{\varpi}(j)\left(1-\dfrac{k}{m_j}\right)-\left(\dfrac{k}{2}+1\right)(k+1)}{\dfrac{2}{q}+\sum\limits_{s=0}^{k}s^2+k^2+2k-1} < \frac{2q}{L} < \frac{\sum\limits_{j=1}^{q}\tilde{\varpi}(j)\left(1-\dfrac{k}{m_j}\right)-\left(\dfrac{k}{2}+1\right)(k+1)}{\sum\limits_{s=0}^{k}s^2+k^2+2k-1}.$$

令

$$A := \sum_{j=1}^{q}\tilde{\varpi}(j)\left(1-\frac{k}{m_j}\right)-(k+1)-\frac{2q}{L}(k^2+2k-1)$$

$$\tau := \frac{1}{A}\left(\frac{1}{2}k(k+1)+\frac{2q}{L}\sum_{s=0}^{k}s^2\right),$$

容易验证以下事实:

$$0 < \tau < 1, \quad 0 < LA(1-\tau) < 4.$$

因为映射 $\varPhi : \Delta \to \mathbb{P}^k(\mathbb{C})$ 是线性非退化的, 所以每个 $\|(\tilde{\varPhi}_s, \tilde{H}_j)\|, 0 \leqslant s \leqslant k, 1 \leqslant j \leqslant q$ 都不恒为 0. 由式 (2.3.2) 可知, 对于每个 $(\tilde{\varPhi}_s, \tilde{H}_j)$, 存在不恒为 0 的

$$\xi_{js} := \sum_{t \neq i_1, \cdots, i_s} a_{jt} W(\phi_t, \phi_{i_1}, \cdots, \phi_{i_s}). \tag{3.1.12}$$

注意, 每个 ξ_{js} 都是全纯的, 仅有孤立的零点.

设

$$M_0 := \Delta \setminus \left\{ p \in \Delta\,, \tilde{\varPhi}_k(p) = 0 \text{ 或 } \prod_{j=1}^{q}\prod_{s=0}^{k-1}|\xi_{js}(p)| = 0 \right\}.$$

在 M_0 上定义一种新的度量:

$$\mathrm{d}\sigma^2 = \left(\frac{\prod\limits_{j=1}^{q} \|(\tilde{\Phi}, \tilde{H}_j)\|^{\tilde{\varpi}(j)(1-\frac{k}{m_j})}}{\|\tilde{\Phi}_k\|^{1+\frac{2q}{L}} \prod\limits_{j=1}^{q} \left(\prod\limits_{s=0}^{k-1} |\xi_{js}| \right)^{\frac{4}{L}}} \right)^{\frac{2}{(1-\tau)A}} |\mathrm{d}z|^2. \tag{3.1.13}$$

由引理 2.14 知 $\mathrm{d}\sigma^2$ 是 M_0 上的平坦度量. 固定 $p_0 \in M_0$, 根据引理 3.2, 存在从 $\Delta_R = \{w \in \mathbb{C} : |w| < R\}(0 < R \leqslant \infty)$ 到 p_0 的某个开邻域的局部微分同胚映射 Ψ, 该映射满足 $\Psi(0) = p_0$, 是局部等距的. 同时, 存在满足 $|a_0| = 1$ 的点 a_0, 使得 $L_{a_0} = \{w = a_0 t : 0 < t < R\}$ 的 Ψ-像 Γ_{a_0} 在 M_0 中是发散的. 对于 $R = \infty$ 的情形, 由引理 3.3 知道 Φ 是常值, 这是一个矛盾. 故而 $R < \infty$.

接下来, 我们将证明 Ψ-像 Γ_{a_0} 发散到 Δ 的边界. 为此, 不妨假设 Γ_{a_0} 发散到点 z_0, 该点要么满足 $\|\tilde{\Phi}_k\|(z_0) = 0$, 要么存在某些 s, j 使得 $|\xi_{js}|(z_0) = 0$. 设

$$v = \frac{\prod\limits_{j=1}^{q} \|(\tilde{\Phi}, \tilde{H}_j)\|^{\tilde{\varpi}(j)(1-\frac{k}{m_j})}}{\|\tilde{\Phi}_k\|^{1+\frac{2q}{L}} \prod\limits_{j=1}^{q} \left(\prod\limits_{s=0}^{k-1} |\xi_{js}| \right)^{\frac{4}{L}}}$$

$$= \frac{\prod\limits_{j=1}^{q} \|(\tilde{\Phi}, \tilde{H}_j)\|^{\tilde{\varpi}(j)(1-\frac{k}{m_j})}}{\|\tilde{\Phi}_k\|} \cdot \frac{1}{\|\tilde{\Phi}_k\|^{\frac{2q}{L}} \prod\limits_{j=1}^{q} \left(\prod\limits_{s=0}^{k-1} |\xi_{js}| \right)^{\frac{4}{L}}}.$$

显然, $\mathrm{d}\sigma^2 = v^{\frac{2}{(1-\tau)A}} |\mathrm{d}z|^2$.

利用引理 2.14, $\dfrac{\prod\limits_{j=1}^{q} \|(\tilde{\Phi}, \tilde{H}_j)\|^{\tilde{\varpi}(j)(1-\frac{k}{m_j})}}{\|\tilde{\Phi}_k\|}$ 没有零点, 同时 v 的极点重数至少为 $\frac{4}{L}$. 因为

$$R = \int_{L_{a_0}} \Psi^* \mathrm{d}\sigma = \int_{\Gamma_{a_0}} \mathrm{d}\sigma \geqslant c \int_{\Gamma_{a_0}} \frac{1}{|z - z_0|^{\delta_0}} |\mathrm{d}z|,$$

这里 $\delta_0 = \frac{4}{LA(1-\tau)} > 1$, 所以 $R = \infty$, 这与之前的结论矛盾, 从而 Ψ-像 Γ_{a_0} 发散到 Δ 的边界.

接下来证明 Γ_{a_0} 在共形度量 $2\|\tilde{\Phi}\|^2|\mathrm{d}z|^2$ 下具有有限的长度. 在圆盘 $\{w\,|\,|w| < R\}$ 上定义

$$f_s(w) := \phi_s(\Psi(w)) \ (0 \leqslant s \leqslant k)$$

以及 $F(w) := (f_0(w), f_1(w), \cdots, f_k(w))$. 进一步, 有

$$(F, H_j) := a_{j0}f_0 + \cdots + a_{jk}f_k, \quad F_k := W(f_0, f_1, \cdots f_k)$$

以及

$$\zeta_{js} := \sum_{t \neq i_1, \cdots, i_s} a_{jt}W(f_t, f_{i_1}, \cdots, f_{i_s}), \quad 1 \leqslant j \leqslant q, \ 0 \leqslant s \leqslant k.$$

注意, 对每个 $0 \leqslant s \leqslant k$,

$$F_s(w) = (F \wedge F' \wedge \cdots \wedge F^{(s)})(w) = (\tilde{\Phi} \wedge \cdots \wedge \tilde{\Phi}^{(s)})(z)\left(\frac{\mathrm{d}z}{\mathrm{d}w}\right)^{s(s+1)/2}.$$

根据式 (3.1.13), 有

$$\Psi^*\mathrm{d}\sigma = \Psi^*\left(\frac{\prod\limits_{j=1}^{q}\|(\tilde{\Phi}, \tilde{H}_j)\|^{\tilde{\varpi}(j)(1-\frac{k}{m_j})}}{\|\tilde{\Phi}_k\|^{1+\frac{2q}{L}}\prod\limits_{j=1}^{q}\left(\prod\limits_{s=0}^{k-1}|\xi_{js}|\right)^{\frac{4}{L}}}\right)^{\frac{1}{(1-\tau)A}} \cdot \left|\frac{\mathrm{d}z}{\mathrm{d}w}\right||\mathrm{d}w|$$

$$= \left(\frac{\prod\limits_{j=1}^{q}\|(F, \tilde{H}_j)\|^{\tilde{\varpi}(j)(1-\frac{k}{m_j})}}{\|F_k\|^{1+\frac{2q}{L}}\prod\limits_{j=1}^{q}\left(\prod\limits_{s=0}^{k-1}|\zeta_{js}|\right)^{\frac{4}{L}}}\right)^{\frac{1}{(1-\tau)A}}\left|\frac{\mathrm{d}z}{\mathrm{d}w}\right|^{\frac{1}{1-\tau}}|\mathrm{d}w|.$$

利用 Ψ 的等距性 $|\mathrm{d}w| = \Psi^*\mathrm{d}\sigma$, 有

$$\left|\frac{\mathrm{d}w}{\mathrm{d}z}\right| = \left(\frac{\prod\limits_{j=1}^{q}\|(F, \tilde{H}_j)\|^{\tilde{\varpi}(j)(1-\frac{k}{m_j})}}{\|F_k\|^{1+\frac{2q}{L}}\prod\limits_{j=1}^{q}\left(\prod\limits_{s=0}^{k-1}|\zeta_{js}|\right)^{\frac{4}{L}}}\right)^{\frac{1}{A}}. \tag{3.1.14}$$

用 $l(\Gamma_{a_0})$ 表示曲线 Γ_{a_0} 在共形度量 $2\|\tilde{\Phi}\|^2|\mathrm{d}z|^2$ 下的长度. 利用式 (3.1.14), 有

$$
\begin{aligned}
l(\Gamma_{a_0}) &= \sqrt{2}\int_{\Gamma_{a_0}} \|\tilde{\Phi}\|\mathrm{d}z| = \sqrt{2}\int_{L_{a_0}} \Psi^*(\|\tilde{\Phi}\||\mathrm{d}z|) \\
&= \sqrt{2}\int_{L_{a_0}} \|F\| \left(\frac{\|F_k\|^{1+\frac{2q}{L}} \prod\limits_{j=1}^{q}\left(\prod\limits_{s=0}^{k-1}|\zeta_{js}|\right)^{\frac{4}{L}}}{\prod\limits_{j=1}^{q}\|(F,\tilde{H}_j)\|^{\tilde{\varpi}(j)(1-\frac{k}{m_j})}} \right)^{\frac{1}{A}} |\mathrm{d}w| \\
&\leqslant \sqrt{2}\int_{L_{a_0}} \left(\frac{\|F\|^{A}\|F_k\|^{1+\frac{2q}{L}} \prod\limits_{j=1}^{q}\left(\prod\limits_{s=0}^{k-1}\|(F_s,\tilde{H}_j)\|\right)^{\frac{4}{L}}}{\prod\limits_{j=1}^{q}\|(F,\tilde{H}_j)\|^{\tilde{\varpi}(j)(1-\frac{k}{m_j})}} \right)^{\frac{1}{A}} |\mathrm{d}w|.
\end{aligned}
$$

在上面的推导中, 我们用到了一个事实:

$$
|\zeta_{js}| \leqslant \|(F_s,\tilde{H}_j)\|, \quad 0 \leqslant s \leqslant k,\ 1 \leqslant j \leqslant q.
$$

结合引理 2.8,

$$
l(\Gamma_{a_0}) \leqslant C\int_0^R \left(\frac{2R}{R^2-|w|^2} \right)^{\lambda} |\mathrm{d}w|.
$$

注意, $0 < \lambda < 1$, 所以 $l(\Gamma_{a_0}) < \infty$, 这与定理条件中度量的完备性相矛盾. 综上所述, Φ 是常值映射, 即 $X(M)$ 落在一个二维平面中. □

3.2　K-拟共形调和曲面上 Gauss 映射的值分布性质

本节主要研究 $\mathbb{R}^3$ 中 K-拟共形调和曲面上 Gauss 映射 $\boldsymbol{n}$ (即曲面上的单位法向量) 的值分布性质. 经典的 Bernstein 定理说的是定义在整个平面上的极小图一定是平面. W. H. Meeks III 与 H. Rosenberg 证明了 $\mathbb{R}^3$ 中的完备嵌入极小曲面要么是平面, 要么是螺旋面[66]. 正如大家所知道的, 经典的 Bernstein 定理对 K-拟共形调和图仍然是成立的, 但如果仅仅是调和图是不行的. 接下来在假设映射 X 是 K-拟共形的条件下, 介绍一些 $\mathbb{R}^3$ 中调和曲面上 Gauss 映射 (曲面上的单位法向量 $\boldsymbol{n}$ 或者推广型 Gauss 映射 Φ) 的值分布性质.

3.2.1 浸入调和曲面上两种 Gauss 映射之间的关系

设 $\boldsymbol{n}$ 为调和曲面 M 上的法向量, $\boldsymbol{b}$ 表示给定的实单位向量. X. D. Chen, Z. X. Liu 和 M. Ru 在文献 [62] 中利用混合积的方法给出了 $\boldsymbol{n}$ 与 $\boldsymbol{b}$ 的向量积, 以及推广型 Gauss 映射 Φ 与以 $\boldsymbol{b}$ 为系数向量的超平面之间的投影距离关系式.

命题 3.1(参考文献 [62]) 给定 $\mathbb{R}^3$ 中的调和曲面 M, 则点 $p \in M$ 处的法向量 $\boldsymbol{n}$ 与单位向量 $\boldsymbol{b}$ 之间的夹角为 α 当且仅当

$$\frac{|\boldsymbol{b} \cdot \phi|^2}{\|\phi\|^2} \frac{\|\phi\|^4}{\|\phi\|^4 - |h|^2} - \frac{(\boldsymbol{b} \cdot \phi)^2 \bar{h} + (\boldsymbol{b} \cdot \bar{\phi})^2 h}{2\|\phi\|^2} \frac{\|\phi\|^2}{\|\phi\|^4 - |h|^2} = \frac{1}{2} \sin^2 \alpha, \qquad (3.2.1)$$

这里 ϕ 的定义在式 (3.1.1), h 和 $\|\phi\|$ 的定义在式 (3.1.4).

证明 根据定义有 $\boldsymbol{n} = (X_u \times X_v)/J_X$. $\boldsymbol{A}$ 是由 $\boldsymbol{b}$, X_u 以及 X_v 所决定的矩阵, 用行列式 $|\boldsymbol{A}|$ 表示 $\boldsymbol{b}$, X_u 以及 X_v 的混合积. 把行列式 $|\boldsymbol{A}\boldsymbol{A}^{\mathrm{T}}|$ 按照第一行展开:

$$\begin{aligned}
|\boldsymbol{n} \cdot \boldsymbol{b}|^2 &= \frac{|X_u \times X_v \cdot \boldsymbol{b}|^2}{EG - F^2} = \frac{|\boldsymbol{A}\boldsymbol{A}^{\mathrm{T}}|}{EG - F^2} \\
&= 1 - \frac{(\boldsymbol{b} \cdot X_u)^2 G + (\boldsymbol{b} \cdot X_v)^2 E - 2(\boldsymbol{b} \cdot X_u)(\boldsymbol{b} \cdot X_v)F}{EG - F^2}.
\end{aligned}$$

利用 $X_u = \phi + \bar{\phi}$ 以及 $X_v = \sqrt{-1}(\phi - \bar{\phi})$, 可将上述关系式重新整理为

$$\begin{aligned}
|\boldsymbol{n} \cdot \boldsymbol{b}|^2 = 1 &- \frac{(\boldsymbol{b} \cdot \phi)^2(G - E - 2\sqrt{-1}F) + (\boldsymbol{b} \cdot \bar{\phi})^2(G - E + 2\sqrt{-1}F)}{EG - F^2} - \\
&\frac{2|\boldsymbol{b} \cdot \phi|^2(E + G)}{EG - F^2}.
\end{aligned}$$

由关系式 (3.1.4), 式 (3.2.3) 以及式 (3.2.4), 上述等式等价为

$$|\boldsymbol{n} \cdot \boldsymbol{b}|^2 = 1 + \frac{(\boldsymbol{b} \cdot \phi)^2 \bar{h} + (\boldsymbol{b} \cdot \bar{\phi})^2 h}{\|\phi\|^2} \frac{\|\phi\|^2}{\|\phi\|^4 - |h|^2} - \frac{2|\boldsymbol{b} \cdot \phi|^2}{\|\phi\|^2} \frac{\|\phi\|^4}{\|\phi\|^4 - |h|^2}. \qquad (3.2.2)$$

因为 $\boldsymbol{n}$ 和 $\boldsymbol{b}$ 是两个单位向量, 所以 $|\boldsymbol{n} \cdot \boldsymbol{b}| = |\cos \alpha|$. 因此, 法向量 $\boldsymbol{n}$ 与单位向量 $\boldsymbol{b}$ 之间的夹角为 α 当且仅当式 (3.2.1) 成立. □

注 3.3 命题 3.1 说明如果 M 在共形极小浸入映射 X 下是极小曲面, 此时 $h \equiv 0$, 这蕴含着

$$\frac{|\phi \cdot \boldsymbol{b}|^2}{\|\phi\|^2} = \frac{1}{2} \sin^2 \alpha.$$

这个关系式说明对于极小曲面的情形, 单位法向量 $\boldsymbol{n}$ 与给定的单位向量 $\boldsymbol{b}$ 之间的夹角至少为 α 当且仅当它的推广型 Gauss 映射 Φ 与给定单位向量 $\boldsymbol{b}$ 对应的超平面 H 有正的投影距离. 如果用 $\boldsymbol{b}$ 表示 x^3 轴的方向向量, 那么可以推出文献 [3] 中引理 1.1 在 $\mathbb{R}^3$ 情形下的结果.

注 3.4 根据式 (3.2.1) 以及事实 $|h| < \|\phi\|^2$, 有

$$
\begin{aligned}
\frac{1-|\boldsymbol{n}\cdot\boldsymbol{b}|^2}{2} = \frac{1}{2}\sin^2\alpha &= \frac{|\boldsymbol{b}\cdot\phi|^2}{\|\phi\|^2}\frac{\|\phi\|^4}{\|\phi\|^4-|h|^2} - \frac{(\boldsymbol{b}\cdot\phi)^2\bar{h}+(\boldsymbol{b}\cdot\bar{\phi})^2 h}{2\|\phi\|^2}\frac{\|\phi\|^2}{\|\phi\|^4-|h|^2} \\
&= \frac{|\boldsymbol{b}\cdot\phi|^2}{\|\phi\|^2}\frac{\|\phi\|^4}{\|\phi\|^4-|h|^2} - \frac{2\mathrm{Re}[(\boldsymbol{b}\cdot\phi)^2\bar{h}]}{2\|\phi\|^2}\frac{\|\phi\|^2}{\|\phi\|^4-|h|^2} \\
&\geqslant \frac{|\boldsymbol{b}\cdot\phi|^2}{\|\phi\|^2}\frac{\|\phi\|^4}{\|\phi\|^4-|h|^2} - \frac{|\boldsymbol{b}\cdot\phi|^2|h|}{\|\phi\|^2}\frac{\|\phi\|^2}{\|\phi\|^4-|h|^2} \\
&= \frac{|\boldsymbol{b}\cdot\phi|^2}{\|\phi\|^2}\frac{\|\phi\|^2}{\|\phi\|^2+|h|} \geqslant \frac{1}{2}\frac{|\boldsymbol{b}\cdot\phi|^2}{\|\phi\|^2}.
\end{aligned}
$$

如果 $\frac{|\boldsymbol{b}\cdot\phi|^2}{\|\phi\|^2} \geqslant \epsilon > 0$, 那么 $|\boldsymbol{n}\cdot\boldsymbol{b}| \leqslant \eta < 1$, 也就是说, 它使得法向量不取由向量 $\boldsymbol{b}$ 决定的那个方向的一个邻域. 反过来,

$$
\begin{aligned}
\frac{1-|\boldsymbol{n}\cdot\boldsymbol{b}|^2}{2} = \frac{1}{2}\sin^2\alpha &= \frac{|\boldsymbol{b}\cdot\phi|^2}{\|\phi\|^2}\frac{\|\phi\|^4}{\|\phi\|^4-|h|^2} - \frac{2\mathrm{Re}[(\boldsymbol{b}\cdot\phi)^2\bar{h}]}{2\|\phi\|^2}\frac{\|\phi\|^2}{\|\phi\|^4-|h|^2} \\
&\leqslant \frac{|\boldsymbol{b}\cdot\phi|^2}{\|\phi\|^2}\frac{\|\phi\|^4}{\|\phi\|^4-|h|^2} + \frac{|\boldsymbol{b}\cdot\phi|^2|h|}{\|\phi\|^2}\frac{\|\phi\|^2}{\|\phi\|^4-|h|^2} \\
&= \frac{|\boldsymbol{b}\cdot\phi|^2}{\|\phi\|^2}\frac{\|\phi\|^2}{\|\phi\|^2-|h|},
\end{aligned}
$$

从而

$$
\frac{|\boldsymbol{b}\cdot\phi|^2}{\|\phi\|^2} \geqslant \frac{1-|\boldsymbol{n}\cdot\boldsymbol{b}|^2}{2}\frac{\|\phi\|^2-|h|}{\|\phi\|^2}.
$$

然而, $\frac{|\boldsymbol{b}\cdot\phi|^2}{\|\phi\|^2}$ 有正下界并不能通过条件 $|\boldsymbol{n}\cdot\boldsymbol{b}| \leqslant \eta < 1$ 得到, 即法向量 $\boldsymbol{n}$ 不取 $\boldsymbol{b}$ 的一个邻域不能推出 $\frac{|\boldsymbol{b}\cdot\phi|^2}{\|\phi\|^2} \geqslant \epsilon > 0$. 例如, A. Alarcon 和 F. J. López 举出了一个反例[52], 一个调和可旋转的牛角面上的推广型 Gauss 映射 $\Phi = [1\mathrm{d}z : \sqrt{-1}\mathrm{d}z : 1/z\mathrm{d}z]$. 这时 $\phi = (1, \sqrt{-1}, 1/z)$, $z = u+\mathrm{i}v$. 进一步可求得 $X_u = (2, 0, \frac{z+\bar{z}}{|z|^2})$, $X_v = (0, -2, \frac{\mathrm{i}(\bar{z}-z)}{|z|^2})$, $X_u \times X_v = \frac{1}{|z|^2}(4u, -4v, -4|z|^2)$. 为验证方便, 可选择单位向量 $\boldsymbol{b} = \frac{1}{\sqrt{u^2+v^2}}(v, u, 0)$, 那么 $\boldsymbol{n}\cdot\boldsymbol{b} = 0$. 当 $|z| \to 0$ 时, $\frac{|\boldsymbol{b}\cdot\phi|^2}{\|\phi\|^2} = \frac{1}{2+\frac{1}{|z|^2}} \to 0$. 从以上

分析知道, 考虑 $\mathbb{R}^3$ 中一般的浸入调和曲面, 如果其曲面上的推广型 Gauss 映射 Φ 不取由某个实向量 b 定义的超平面的一个小邻域, 则该曲面上的法向量 n 不取该实向量 b 的某邻域, 反之不一定成立.

3.2.2 $\mathbb{R}^3$ 中的 K-拟共形浸入调和曲面

在 $|n \cdot b| \leqslant \eta < 1$ 以及额外的一些条件下, 我们将尝试得到 $\frac{|b \cdot \phi|^2}{\|\phi\|^2}$ 的下界. 这时候需要假设 X 是 K-拟共形映射.

设 M 是一个开的 Riemann 曲面, $X = (X^1, X^2, X^3) : M \to \mathbb{R}^3$ 是一个调和浸入映射. 取 M 上的局部坐标 $z = u + \mathrm{i}v$, 有 $\phi = \frac{\partial X}{\partial z}$ 以及

$$\|\nabla X\|^2 := (X_u)^2 + (X_v)^2 = E + G = 4\|\phi\|^2, \tag{3.2.3}$$

这里 $\|\nabla X\|^2$ 表示 Hilbert-Schmidt 范数. 同样 X 的 Jacobian 可以写成

$$J_X = \|X_u \times X_v\| = \sqrt{EG - F^2} = 2\sqrt{\|\phi\|^4 - |h|^2}, \tag{3.2.4}$$

这里 h 的定义见式 (3.1.4). 浸入映射 $X = (X^1, X^2, X^3) : M \to \mathbb{R}^3$ 被称为 K-拟共形 (简记 K-QC) 指的是它满足以下不等式:

$$\|\nabla X\|^2 \leqslant \left(K + \frac{1}{K} \right) J_X, \tag{3.2.5}$$

这等价于

$$\|\phi\|^2 \leqslant \frac{K^2 + 1}{2K} \sqrt{\|\phi\|^4 - |h|^2}. \tag{3.2.6}$$

注意, 这里的拟共形定义采用的是 D. Kalaj 在文献 [58] 中的定义. 如果 $K = 1$, 那么上述不等式可以写成如下两个关系式:

$$|X_u| = |X_v|, \quad X_u \cdot X_v = 0,$$

这时候称曲面 M 为等温坐标参数化曲面 (即取等温坐标). 若 Riemann 曲面 M 上存在一个到 $\mathbb{R}^3$ 中的 K-拟共形调和浸入映射 X, 则称曲面 $X(M)$ 是 K-拟共形调和曲面, 也称浸入映射 X 是一个 K-拟共形调和浸入映射.

引理 3.4(参考文献 [62])　设 M 是一个开的 Riemann 曲面, $X = (X^1, X^2, X^3) : M \to \mathbb{R}^3$ 是一个调和浸入映射, 那么 X 在式 (3.2.5) 中定义的意义下是 K-拟共形当且仅当它的 Hopf 微分 Ω 以及 Klotz 度量 Γ 满足

$$|\Omega| \leqslant \frac{Q_K}{2} \Gamma, \tag{3.2.7}$$

这里 $Q_K = \frac{K^2-1}{K^2+1}$ 满足 $0 \leqslant Q_K < 1$. 特别地, 如果 $K = 1$, 那么 $Q_K = 0$, X 是一个共形浸入映射. 进一步, 诱导的度量 $\mathrm{d}s^2$ 以及相关的 Klotz 度量 Γ 将满足下面的不等式

$$(1 - Q_K)\Gamma \leqslant \mathrm{d}s^2 \leqslant (1 + Q_K)\Gamma. \tag{3.2.8}$$

上式两边等号同时成立当且仅当 X 是一个共形浸入映射.

证明　由式 (3.2.6) 有

$$|h| \leqslant Q_K \|\phi\|^2. \tag{3.2.9}$$

此外, 当 $K \to \infty$ 时, $Q_K \to 1$. 相反地, 不等式 (3.2.7) 蕴含着

$$\|\nabla X\|^2 \leqslant \left(K + \frac{1}{K}\right) J_X,$$

从而 X 满足 Kalaj 对 K-QC 的定义. 另外, 由关系式 (3.2.7) 以及第一基本形式 (3.1.3) 可以看出度量 $\mathrm{d}s^2$ 的上下界, 即式 (3.2.8) 成立. $\qquad\square$

在假设 X 是 K-拟共形的条件下, 有以下关于 $\frac{1-|\mathbf{n}\cdot\mathbf{b}|^2}{2} \Big/ \frac{|\phi\cdot\mathbf{b}|^2}{\|\phi\|^2}$ 的估计式.

引理 3.5(参考文献 [62])　M 是 $\mathbb{R}^3$ 中的 K-拟共形调和曲面. 对于点 $p \in M$ 处的单位法向量 $\mathbf{n}$ 以及每个单位向量 $\mathbf{b}$, 有下面的式子成立:

$$\frac{K^2+1}{2K^2} \frac{|\phi\cdot\mathbf{b}|^2}{\|\phi\|^2} \leqslant \frac{1-|\mathbf{n}\cdot\mathbf{b}|^2}{2} \leqslant \frac{K^2+1}{2} \frac{|\phi\cdot\mathbf{b}|^2}{\|\phi\|^2}. \tag{3.2.10}$$

特别地, 当 $K = 1$ 时,

$$\frac{1-|\mathbf{n}\cdot\mathbf{b}|^2}{2} = \frac{|\phi\cdot\mathbf{b}|^2}{\|\phi\|^2}.$$

证明　根据式 (3.2.2), 式 (3.2.6) 以及式 (3.2.9), 有

$$\frac{1-|\mathbf{n}\cdot\mathbf{b}|^2}{2} = \frac{|\mathbf{b}\cdot\phi|^2}{\|\phi\|^2} \frac{\|\phi\|^4}{\|\phi\|^4 - |h|^2} - \frac{(\mathbf{b}\cdot\phi)^2\bar{h} + (\mathbf{b}\cdot\bar{\phi})^2 h}{2\|\phi\|^2} \frac{\|\phi\|^2}{\|\phi\|^4 - |h|^2}$$

$$\leqslant \left(\frac{\|\phi\|^4}{\|\phi\|^4 - |h|^2} + \frac{\|\phi\|^2 |h|}{\|\phi\|^4 - |h|^2} \right) \frac{|\boldsymbol{b} \cdot \phi|^2}{\|\phi\|^2}$$

$$\leqslant (1 + Q_K) \frac{\|\phi\|^4}{\|\phi\|^4 - |h|^2} \frac{|\boldsymbol{b} \cdot \phi|^2}{\|\phi\|^2}$$

$$\leqslant \frac{(1 + Q_K)(K + 1/K)^2}{4} \frac{|\boldsymbol{b} \cdot \phi|^2}{\|\phi\|^2} = \frac{K^2 + 1}{2} \frac{|\boldsymbol{b} \cdot \phi|^2}{\|\phi\|^2}.$$

这就完成了关系式 (3.2.10) 右半部分的证明.

类似可得

$$\frac{1 - |\boldsymbol{n} \cdot \boldsymbol{b}|^2}{2} \geqslant \left(\frac{\|\phi\|^4}{\|\phi\|^4 - |h|^2} - \frac{\|\phi\|^2 |h|}{\|\phi\|^4 - |h|^2} \right) \frac{|\boldsymbol{b} \cdot \phi|^2}{\|\phi\|^2}$$

$$= \left(\frac{\|\phi\|^2}{\|\phi\|^2 + |h|} \right) \frac{|\boldsymbol{b} \cdot \phi|^2}{\|\phi\|^2} \geqslant \frac{K^2 + 1}{2K^2} \frac{|\boldsymbol{b} \cdot \phi|^2}{\|\phi\|^2}.$$

引理 3.5得证. □

结合引理 3.5 以及定理 3.1, 我们有以下结果.

定理 3.4(参考文献 [62]) 设 M 是一个开的 Riemann 曲面, $X : M \to \mathbb{R}^3$ 是一个带有完备诱导度量的 K-拟共形调和浸入映射, $\boldsymbol{n}$ 是 M 上的单位法向量. 如果曲面的 Gauss 映射 (即法向量 $\boldsymbol{n}$) 不取球面上某方向的一个邻域, 那么 $X(M)$ 只能是平面.

上述定理揭示了经典的 Bernstein 定理在 $\mathbb{R}^2$ 中 K-拟共形调和图的情形. 如果没有 K-拟共形的假设, Bernstein 定理不一定会成立. 因此, 为了更好地研究 Gauss 映射的值分布性质, 定理中的 K-拟共形的假设是有必要的也是合理的.

根据引理 3.5, $|\boldsymbol{n} \cdot \boldsymbol{b}| = 1$ 当且仅当 $\phi \cdot \boldsymbol{b} = 0$. 对于任何单位向量 $\boldsymbol{b} = (b_1, b_2, b_3) \in \mathbb{R}^3$, 可定义一个超平面 $H_{\boldsymbol{b}} = \{b_1 w_1 + b_2 w_2 + b_3 w_3 = 0\} \subset \mathbb{P}^2(\mathbb{C})$. 注意, 超平面 $H_{\boldsymbol{b}_j}, 1 \leqslant j \leqslant q$ 是处于一般位置的当且仅当 $\boldsymbol{b}_1, \cdots, \boldsymbol{b}_q$ 中任意 3 个在 $\mathbb{R}^3$ 中不共面. 利用引理 3.5和定理 3.2可以得出传统 Gauss 映射 $\boldsymbol{n}$ 的 Picard 结果, 它是定理 3.4 的推广.

定理 3.5(参考文献 [62]) 设 $X : M \to \mathbb{R}^3$ 是一个带有完备诱导度量的 K-拟共形调和浸入映射, M 是一个开的 Riemann 曲面, $\boldsymbol{n}$ 是 M 上的单位法向量. 如果曲面上的 Gauss 映射 (即单位法向量 $\boldsymbol{n}$) 不取球面上的 7 个方向 $\boldsymbol{b}_1, \cdots, \boldsymbol{b}_7$, 并

且其中任意 3 个向量不共面, 那么 $X(M)$ 只能是一个平面.

3.3　K-拟共形调和曲面的 Gauss 曲率估计

对于 K-拟共形调和浸入 $X : M \to \mathbb{R}^3$, 本节考虑其传统 Gauss 映射 $\boldsymbol{n}$(不是推广型 Gauss 映射) 在不取某些方向的条件下曲面的 Gauss 曲率估计. 用 $\mathfrak{K}(M)$ 表示曲面 M 上的 Gauss 曲率, 常数 K 表示 K-拟共形映射 X 中的参数. 对于极小曲面的特殊情形, 可参考文献 [7].

3.3.1　传统 Gauss 映射不取某角域情形下的曲率估计

假设 $X = (X^1, X^2, X^3)$ 是一个调和浸入, 取局部坐标 $z = u + \sqrt{-1}v$. 根据 $X_u = \phi + \bar{\phi}, X_v = \sqrt{-1}(\phi - \bar{\phi})$, 可得

$$X_{uu} = \phi' + \overline{\phi'}, \quad X_{uv} = \sqrt{-1}(\phi' - \overline{\phi'}), \quad X_{vv} = -(\phi' + \overline{\phi'})$$

以及

$$\boldsymbol{n} = \frac{X_u \times X_v}{\sqrt{EG - F^2}} = \frac{\sqrt{-1}(\bar{\phi} \times \phi)}{\sqrt{\|\phi\|^4 - |h|^2}}.$$

这就使得 Gauss 曲率可以表达为

$$\mathfrak{K}(M) = \frac{LN - M^2}{EG - F^2} = -4\frac{|X_u \times X_v \cdot \overline{\phi'}|^2}{(EG - F^2)^2} = -\frac{|\bar{\phi} \times \phi \cdot \overline{\phi'}|^2}{(\|\phi\|^4 - |h|^2)^2}.$$

进一步, 可按照命题 3.1 中的方法得到

$$\mathfrak{K}(M) = -\frac{4}{(\sqrt{EG - F^2})^3} \left\{ \sqrt{EG - F^2}\|\phi'\|^2 + \frac{4\bar{h}(\phi' \cdot \phi)(\overline{\phi'} \cdot \phi)}{\sqrt{EG - F^2}} + \right.$$
$$\left. \frac{4h(\phi' \cdot \bar{\phi})(\overline{\phi'} \cdot \bar{\phi})}{\sqrt{EG - F^2}} - \frac{4\|\phi\|^2[(\phi' \cdot \bar{\phi})(\overline{\phi'} \cdot \phi) + (\phi' \cdot \phi)(\overline{\phi'} \cdot \bar{\phi})]}{\sqrt{EG - F^2}} \right\}. \quad (3.3.1)$$

特别地, 如果 X 是一个共形调和浸入 (极小浸入) 映射, 那么

$$X_u \cdot X_v = 0, \quad |X_u| = |X_v|.$$

这时 $h = \phi \cdot \phi \equiv 0$, 进一步可得 $\phi \cdot \phi' = 0$. 上述关系式可以简化为

$$\mathfrak{K}(M) = -\frac{\|\phi'\|^2\|\phi\|^2 - (\phi' \cdot \bar{\phi})(\overline{\phi'} \cdot \phi)}{(\|\phi\|^2)^3} = -\frac{\displaystyle\sum_{1 \leqslant i < j \leqslant 3} |\phi_i \phi_j' - \phi_i' \phi_j|^2}{\|\phi\|^6}. \quad (3.3.2)$$

引入如下亚纯函数:

$$\psi_k(z) = \frac{\phi_k(z)}{\phi_3(z)}, \quad k = 1, 2, 3, \tag{3.3.3}$$

进一步微分得

$$\psi'_k = \frac{\phi_3 \phi'_k - \phi'_3 \phi_k}{\phi_3^2}$$

以及

$$\psi_j \psi'_k - \psi'_j \psi_k = \frac{\phi_j \phi'_k - \phi'_j \phi_k}{\phi_3^2}, \quad j, k = 1, 2, 3.$$

因此, 式 (3.3.2) 可重写为

$$\mathfrak{K}(M) = -\frac{|\psi_1 \psi'_2 - \psi'_1 \psi_2|^2 + \sum\limits_{j=1}^{2} |\psi'_j|^2}{|\phi_3|^2 \left(1 + \sum\limits_{j=1}^{2} |\psi_j|^2\right)^3}. \tag{3.3.4}$$

引理 3.6 (参考文献 [62]) 设 M 是从单位圆盘 $\{z||z| < 1\}$ 到 $\mathbb{R}^3$ 的一个 K-拟共形调和曲面, 它的法向量与 x_3 轴的夹角至少为 $\alpha > 0$. 如果点 $p \in M$ 对应 $z = 0$, 那么点 p 到 M 的边界的距离满足

$$d \leqslant 2K |\csc \alpha| |\phi_3(0)|.$$

证明 选择 x_3 轴为实向量 $\boldsymbol{b}$, 显然有 $|\boldsymbol{\phi} \cdot \boldsymbol{b}| = |\phi_3|$. 因为法向量 $\boldsymbol{n}$ 与 x_3 轴的夹角至少为 α, 所以 $|\boldsymbol{n} \cdot \boldsymbol{b}| \leqslant |\cos \alpha|$. 式 (3.2.10) 的右半部分可写成

$$\frac{|\phi_3|^2}{\|\boldsymbol{\phi}\|^2} \geqslant \frac{1}{K^2 + 1} \sin^2 \alpha. \tag{3.3.5}$$

用 c 表示任意一条从 $z = 0$ 到边界 $|z| = 1$ 的曲线. 根据式 (3.2.8) 以及式 (3.3.5), 可估计曲线 c 的像 γ 的长度:

$$d_\gamma = \int_\gamma \mathrm{d}s \leqslant \sqrt{2(1 + Q_K)} \int_c \|\boldsymbol{\phi}\| |\mathrm{d}z| \leqslant 2K |\csc \alpha| \int_c |\phi_3| |\mathrm{d}z|.$$

由式 (3.3.5), 可以看出度量 $\mathrm{d}s_0 = |\phi_3| |\mathrm{d}z|$ 是单位圆盘 Δ 上平坦的共形度量. 根据引理 3.2, 存在局部的微分同构映射 $\varPsi$ 将 $\Delta_R = \{w \in \mathbb{C} : |w| < R\}(0 < R \leqslant \infty)$ 映射到 p_0 的一个开邻域, 该映射满足 $\varPsi(0) = p_0$ 并且是一个局部的等距映射. 令

R 是使得 Ψ 保持全纯性的最大半径, 根据 Liouville 定理知道 $R < +\infty$. 根据引理 3.2, 存在满足 $|w_0| = R$ 的一点 w_0, 使得从 $w = 0$ 到 w_0 的线段 L 在 Ψ 映射下的像 Γ 在 M 上发散. 另外, Ψ 可被看作从 Δ_R 到 Δ 的全纯映射. 根据 Schwarz 引理, 有 $|\Psi'(0)| \leqslant 1/R$. 这样有

$$
\begin{aligned}
d = \inf_{\gamma} \int_{\gamma} \mathrm{d}s &\leqslant 2K|\csc\alpha| \int_{\Gamma} |\phi_3||\mathrm{d}z| \\
&= 2K|\csc\alpha| \int_{L} |\mathrm{d}w| = 2K|\csc\alpha|R \leqslant \frac{2K|\csc\alpha|}{|\Psi'(0)|} \\
&= 2K|\csc\alpha||\phi_3(0)|.
\end{aligned}
$$

引理 3.6 得证. □

定理 3.6(参考文献 [62])　设 M 是 $\mathbb{R}^3$ 中的 K-拟共形调和曲面. 假定 M 上所有点处的法向量与某固定方向的夹角至少为 $\alpha > 0$, 并且 $|(\phi' \cdot \phi)(\overline{\phi'} \cdot \phi)|/\|\phi\|^4 \leqslant N_K$, 这里 N_K 是个常数. 如果 d 表示点 p 到 M 边界的测地距离, 那么 M 上的 Gauss 曲率 $\mathfrak{K}(M)$ 满足下述不等式:

$$
|\mathfrak{K}(M)|d^2 \leqslant \frac{4K^2\csc^2\alpha}{(\sqrt{1-Q_K^2})^3} \left(2(K^2+1)\csc^2\alpha - 2 + \frac{(K^2-1)N_K}{K} \right), \quad (3.3.6)
$$

这里 $Q_K = \frac{K^2-1}{K^2+1}$.

证明　经过旋转变换, 不妨假设 M 上所有的法向量与 x_3 轴的夹角均至少为 α. 令 $\tilde{M}$ 是 M 在万有覆盖变换 $z(\zeta)$ 下的万有覆盖曲面. 假设 $\tilde{M}$ 上的点 $\zeta = 0$ 对应 M 上的点 p. 利用式 (3.3.3) 中的函数 $\psi_k(\zeta)$ 以及关系式 (3.3.5), 有

$$
\sum_{k=1}^{2} |\psi_k(\zeta)|^2 \leqslant (K^2+1)\csc^2\alpha - 1, \quad (3.3.7)
$$

从而全纯函数 $\psi_k, k = 1,2$ 在 $\tilde{M}$ 上是有界的. 如果万有覆盖曲面 $\tilde{M}$ 是整个 ζ-平面, 那么, 根据 Liouville 定理可知 $\{\psi_k, k = 1,2,3\}$ 都是常数. 这时, $\mathfrak{K}(M) \equiv 0$ 以及式 (3.3.6) 自然就成立了. 接下来, 只考虑 $\tilde{M}$ 是单位圆盘 $|\zeta| < 1$ 的情形. 为了方便起见, 采用以下符号标记:

$$
C_k = |\psi_k(0)|, \quad D_k = |\psi_k'(0)|, \quad M_k = \sup_{|\zeta|<1} |\psi_k(\zeta)|.
$$

对 ψ_k/M_k 应用 Schwarz-Pick 引理, 有

$$D_k \leqslant M_k\left(1 - \frac{C_k^2}{M_k^2}\right) = M_k\eta_k,$$

这里

$$\eta_k = 1 - \frac{C_k^2}{M_k^2}.$$

利用关系式 (3.3.1), 给出 Gauss 曲率 $\mathfrak{K}(M)$ 在点 $p \in M$ 的估计式. 由 (3.3.7) 式, 有

$$C_k^2 \leqslant M_k^2 \leqslant (K^2 + 1)\csc^2\alpha - 1 \tag{3.3.8}$$

以及

$$D_k^2 \leqslant [(K^2 + 1)\csc^2\alpha - 1]\eta_k^2. \tag{3.3.9}$$

经过一些简单的计算,

$$|\psi_1(0)\psi_2'(0) - \psi_1'(0)\psi_2(0)|^2 \leqslant (C_1D_2 + C_2D_1)^2 \leqslant \sum_{j=1}^2 C_j^2 \sum_{k=1}^2 D_k^2.$$

再结合式 (3.3.8), 式 (3.3.9) 有

$$|\psi_1(0)\psi_2'(0) - \psi_2'(0)\psi_1(0)|^2 + \sum_{j=1}^2 |\psi_j'(0)|^2$$

$$\leqslant \sum_{k=1}^2 D_k^2\left(1 + \sum_{j=1}^2 C_j^2\right)$$

$$\leqslant [(K^2 + 1)\csc^2\alpha - 1]\left(1 + \sum_{j=1}^2 C_j^2\right)\sum_{j=1}^2 \eta_k^2.$$

因而,

$$\frac{\|\phi\|^2\|\phi'\|^2 - (\phi'\cdot\bar{\phi})(\overline{\phi'}\cdot\phi)}{\|\phi\|^6} \leqslant \frac{[(K^2 + 1)\csc^2\alpha - 1]\sum\limits_{j=1}^2 \eta_k^2}{|\phi_3(0)|^2\left(1 + \sum\limits_{j=1}^2 C_j^2\right)^2}.$$

进一步, 由式 (3.3.1) 以及引理 3.6 有

$$|\mathfrak{K}(M)| \leqslant \frac{1}{(\sqrt{1-Q_K^2})^3} \left(\frac{\|\phi\|^2\|\phi'\|^2 - (\phi' \cdot \bar{\phi})(\overline{\phi'} \cdot \phi)}{\|\phi\|^6} + \frac{K^2-1}{K} \frac{|(\phi' \cdot \phi)(\overline{\phi'} \cdot \phi)|}{\|\phi\|^6} \right)$$

$$\leqslant \frac{1}{(\sqrt{1-Q_K^2})^3} \left(\frac{2(K^2+1)\csc^2\alpha - 2}{|\phi_3(0)|^2} + \frac{(K^2-1)}{K} \frac{|(\phi' \cdot \phi)(\overline{\phi'} \cdot \phi)|}{\|\phi\|^6} \right)$$

$$\leqslant \frac{1}{(\sqrt{1-Q_K^2})^3|\phi_3(0)|^2} \left(2(K^2+1)\csc^2\alpha - 2 + \frac{(K^2-1)N_K}{K} \right)$$

$$\leqslant \frac{4K^2\csc^2\alpha}{(\sqrt{1-Q_K^2})^3 d^2} \left(2(K^2+1)\csc^2\alpha - 2 + \frac{(K^2-1)N_K}{K} \right).$$

这样就完成了定理 3.6 的证明. □

3.3.2　推广型 Gauss 映射在涉及交叉重数情形下的曲率估计

定理 3.6 说的是 K-拟共形调和曲面上的法向量不取某些实方向情形下的 Gauss 曲率估计. 通过之前的分析知道, 对于 K-拟共形调和曲面的情形, 其法向量 $\boldsymbol{n}$ 和推广型 Gauss 映射 Φ 之间有着紧密的关系 (见引理 3.5). 自然地, 定理 3.6 在映射 Φ 满足相应条件的情况下是否成立? 为此, 用 $\mathfrak{K}(\mathrm{d}s^2)$ 表示上述诱导度量 $\mathrm{d}s^2$ 下曲面的 Gauss 曲率, 用 $\mathfrak{K}(\Gamma)$ 表示 Klotz 度量 $\Gamma = 2\|\phi\|^2|\mathrm{d}z|^2$ 下曲面的 Gauss 曲率. 本节通过对比 $\mathfrak{K}(\mathrm{d}s^2)$ 与 Klotz 度量 $\Gamma = 2\|\phi\|^2|\mathrm{d}z|^2$ 各自的 Gauss 曲率估计, 建立 $\mathbb{R}^3$ 中 K-拟共形调和曲面在其推广型 Gauss 映射满足相关条件下的 Gauss 曲率估计.

定理 3.7(参考文献 [64]) 设 M 是开 Riemann 曲面, $X = (X^1, X^2, X^3) : M \to \mathbb{R}^3$ 是 K-拟共形调和浸入映射, 令 $\tilde{\Phi} = \frac{\partial X}{\partial z}$, 存在常数 $\eta(0 \leqslant \eta < 1)$ 使得

$$\frac{|(\tilde{\Phi}' \cdot \bar{\tilde{\Phi}})(\bar{\tilde{\Phi}}' \cdot \tilde{\Phi})|}{\|\tilde{\Phi}'\|^2\|\tilde{\Phi}\|^2} \leqslant \eta.$$

$H_1, \cdots, H_q \subset \mathbb{P}^2(\mathbb{C})$ 是处于一般位置的超平面, 如果推广型 Gauss 映射 Φ 与超平面 H_j 的交叉重数至少为 m_j, 且 $\sum\limits_{j=1}^{q} \frac{1}{m_j} < \frac{q-6}{2}$, 那么存在一个常数 C(仅依赖超平面 $\{H_j\}_{j=1}^{q}$, 不依赖曲面 M) 使得

$$\mathfrak{K}(p) \leqslant \frac{C}{d^2(p)},$$

这里 $\Re(p)$ 表示度量 ds^2 下曲面 M 上点 p 处的 Gauss 曲率估计, $d(p)$ 表示在诱导度量下点 p 到曲面 M 边界的测地距离.

为证明定理 3.7, 需要一些必要的引理.

引理 3.7(参考文献 [67])　假设 ω 是紧集 X 上的 Hermitian 度量. 如果轨道 (X, D) 是双曲的, 同时双曲嵌入在 X 中, 那么由所有轨道同态映射 $f : \Delta \to (X, D)$ 构成的集合在 $\mathrm{Hol}(\Delta, X)$ 中都是相对紧集, 这里 $\mathrm{Hol}(\Delta, X)$ 表示所有从 Δ 到 X 的全纯映射构成的集合.

引理 3.8(参考文献 [68])　假设 $f_n : (X, \Delta) \to (X', \Delta')$ 是一列轨道同态映射. 如果一列从 X 到 X' 的全纯映射 $\{f_n\}$ 局部一致收敛于一个全纯映射 $f : X \to X'$, 那么 $f(X) \subset \mathrm{Supp}(\Delta')$, 或者说 f 是从 (X, Δ) 到 (X', Δ') 的轨道同态映射.

引理 3.9(参考文献 [7])　设 $\{ds_l^2\}$ 是单位圆盘 Δ 上的一列共形度量, 其曲率满足 $-1 \leqslant K_l \leqslant 0$. 假定在度量 ds_l^2 下, Δ 的测地半径为 R_l, $R_l \to \infty (l \to \infty)$, 度量 $\{ds_l^2\}$ 在紧集上一致收敛于度量 ds^2. 那么, 在度量 ds^2 下, Δ 上所有的点到原点的距离均大于或等于相应的双曲距离. 特别地, ds^2 是完备的.

定理 3.7 的证明　我们沿用之前的一些标记. 用 ds^2 表示 M 上通过映射 X 诱导出来的度量. 利用局部坐标 (u, v), ds^2 可以表示为

$$ds^2 = Edu^2 + 2Fdudv + Gdv^2,$$

这里

$$E = X_u \cdot X_u, \quad F = X_u \cdot X_v, \quad G = X_v \cdot X_v.$$

令 $z = u + \sqrt{-1}v$, 这样 ds^2 可以重写为

$$ds^2 = hdz^2 + 2\|\tilde{\Phi}\|^2 |dz|^2 + \overline{hdz^2}.$$

曲面的第二基本形式可以写成

$$II(\boldsymbol{n}) = Ldu^2 + 2Mdudv + Ndv^2,$$

这里

$$\boldsymbol{n} = \frac{X_u \times X_v}{\|X_u \times X_v\|}, \quad L = X_{uu} \cdot \boldsymbol{n}, \quad M = X_{uv} \cdot \boldsymbol{n}, \quad N = X_{vv} \cdot \boldsymbol{n}.$$

进一步,

$$X_u = \tilde{\Phi} + \overline{\tilde{\Phi}}, \quad X_v = \sqrt{-1}(\tilde{\Phi} - \overline{\tilde{\Phi}}),$$

$$X_{uu} = \tilde{\Phi}' + \overline{\tilde{\Phi}'}, \quad X_{uv} = \sqrt{-1}(\tilde{\Phi}' - \overline{\tilde{\Phi}'}), \quad X_{vv} = -(\tilde{\Phi}' + \overline{\tilde{\Phi}'})$$

以及

$$\boldsymbol{n} = \frac{X_u \times X_v}{\sqrt{EG - F^2}} = \frac{\sqrt{-1}(\overline{\tilde{\Phi}} \times \tilde{\Phi})}{\sqrt{\|\tilde{\Phi}\|^4 - |h|^2}}.$$

用 $\mathfrak{K}(p)$ 表示曲面在点 p 处的 Gauss 曲率, 则

$$\mathfrak{K}(p) = \frac{LN - M^2}{EG - F^2} = -4\frac{|X_u \times X_v \cdot \overline{\tilde{\Phi}'}|^2}{(EG - F^2)^2} = -\frac{|\overline{\tilde{\Phi}} \times \tilde{\Phi} \cdot \overline{\tilde{\Phi}'}|^2}{(\|\tilde{\Phi}\|^4 - |h|^2)^2}.$$

利用式 (3.2.9), 有

$$|\mathfrak{K}(p)| \leqslant \frac{|\overline{\tilde{\Phi}} \times \tilde{\Phi} \cdot \overline{\tilde{\Phi}'}|^2}{\|\tilde{\Phi}\|^8} \left(\frac{K^2 + 1}{2K}\right)^4. \tag{3.3.10}$$

另外, 用 $\mathfrak{K}(\Gamma)$ 表示在相关共形度量 $\Gamma := 2\|\tilde{\Phi}\|^2 |\mathrm{d}z|^2$ 下曲面的曲率, 则

$$\mathfrak{K}(\Gamma) = -\frac{\|\tilde{\Phi}'\|^2 \|\tilde{\Phi}\|^2 - (\tilde{\Phi}' \cdot \overline{\tilde{\Phi}})(\overline{\tilde{\Phi}'} \cdot \tilde{\Phi})}{(\|\tilde{\Phi}\|^2)^3}. \tag{3.3.11}$$

结合式 (3.3.10) 及式 (3.3.11), 有以下估计式:

$$\frac{|\mathfrak{K}(\Gamma)|}{|\mathfrak{K}(p)|} \geqslant \frac{\|\tilde{\Phi}'\|^2 \|\tilde{\Phi}\|^2 - (\tilde{\Phi}' \cdot \overline{\tilde{\Phi}})(\overline{\tilde{\Phi}'} \cdot \tilde{\Phi})}{(|\overline{\tilde{\Phi}} \times \tilde{\Phi} \cdot \overline{\tilde{\Phi}'}|^2} \cdot \|\tilde{\Phi}\|^2 \left(\frac{2K}{K^2 + 1}\right)^4$$

$$\geqslant \frac{\|\tilde{\Phi}'\|^2 \|\tilde{\Phi}\|^2 - (\tilde{\Phi}' \cdot \overline{\tilde{\Phi}})(\overline{\tilde{\Phi}'} \cdot \tilde{\Phi})}{\|\tilde{\Phi}' \times \tilde{\Phi}\|^2} \cdot \left(\frac{2K}{K^2 + 1}\right)^4$$

$$\geqslant (1 - \eta)\left(\frac{2K}{K^2 + 1}\right)^4.$$

这可以直接推导出

$$|\mathfrak{K}(p)|^{1/2} \leqslant \left(\frac{1}{1 - \eta}\right)^{1/2} \left(\frac{K^2 + 1}{2K}\right)^2 |\mathfrak{K}(\Gamma)|^{1/2}.$$

通过式 (3.1.3) 以及式 (3.1.5), 有 $\mathrm{d}s^2 \leqslant 4\|\tilde{\varPhi}\|^2|\mathrm{d}z|^2$. 如果用 $d_\Gamma(p)$ 表示点 p 在相关共形度量 Γ 下到曲面边界的测地距离, 那么有 $d(p) \leqslant \sqrt{2}d_\Gamma(p)$. 接下来只需要证明存在正常数 C_0 使得

$$|\mathfrak{K}(\Gamma)|^{1/2} \leqslant \frac{C_0}{d_\Gamma(p)}. \tag{3.3.12}$$

在 $X(M)$ 是弱完备的情形下, 即对所有的 $p \in M$, $d_\Gamma(p) = \infty$, 根据定理 3.3 知道 $\varPhi$ 是个常值映射, 这时 $|\mathfrak{K}(\Gamma)| = 0$ 且式 (3.3.12) 是平凡的. 因此, 不妨假设相关的共形度量 Γ 是曲面 M 上的非完备度量.

考虑在开 Riemann 曲面 M 上赋予共形度量 $\Gamma = 2\|\tilde{\varPhi}\|^2|\mathrm{d}z|^2$. 如果式 (3.3.12) 不成立, 可构造一列开 Riemann 曲面 M_l, 点列 $p_l \in M_l$, 以及一列全纯映射 $\varPhi^{(l)}$: $M_l \to \mathbb{P}^2(\mathbb{C})$ 满足 $|\mathfrak{K}_l(p_l)|d_{\Gamma_l}^2(p_l) \to \infty$. 这里 $\mathfrak{K}_l(p_l)$ 表示在度量 $\Gamma_l = 2\|\tilde{\varPhi}^{(l)}\|^2|\mathrm{d}z|^2$ 下曲面 M_l 在点 p_l 处的曲率, $\tilde{\varPhi}^{(l)} = (\phi_0^{(l)} : \phi_1^{(l)} : \phi_2^{(l)})$ 是 $\varPhi^{(l)}$ 的一个约化表示, $d_{\Gamma_l}(p_l)$ 表示在共形度量 Γ_l 下点 p_l 到 M_l 边界的测地距离. $H_1, H_2, \cdots, H_q \subset \mathbb{P}^2(\mathbb{C})$ 是处于一般位置的超平面, 映射 $\varPhi^{(l)}$ 与这些超平面 H_j 交叉的零点重数至少为 m_j, $j = 1, 2, \cdots, q$. 利用类似于文献 [7] 中的方法, 假定选择的曲面 M_l 和点 p_l 可使 $\mathfrak{K}_l(p_l) = -\frac{1}{4}$, 以及所有曲面 M_l 的曲率满足 $-1 \leqslant \mathfrak{K}_l \leqslant 0$, 同时当 $l \to \infty$ 时, $d_{\Gamma_l}(p_l) \to \infty$.

对于 M 上的共形度量 Γ,

$$\Gamma = \rho(z)|\mathrm{d}z| = \rho(z(w)) \left| \frac{\mathrm{d}z}{\mathrm{d}w} \right| |\mathrm{d}w|.$$

进一步得

$$\mathfrak{K}(\Gamma) = -\frac{\Delta_w \log(\rho(z(w))|\mathrm{d}z/\mathrm{d}w|)}{(\rho(z(w))|\mathrm{d}z/\mathrm{d}w|)^2} = -\frac{\Delta_z \log \rho}{\rho^2} \circ z(w) = \mathfrak{K}(\Gamma(z(w))),$$

上式意味着共形度量下的 Gauss 曲率与曲面上的万有覆盖映射是无关的. 因此, 可假定 M_l 是单连通的 (如有必要, 可取 M_l 的万有覆盖). 此外, 由单值化定理可知, M_l 共形等价于 $\mathbb{C}$ 或者单位圆盘 Δ.

对于复平面 $\mathbb{C}$ 的情形, 根据引理 3.3 知道 $\varPhi^{(l)}$ 是常值映射. 进一步可计算出 $K_l \equiv 0$, 这与事实 $K_l(p_l) = -\frac{1}{4}$ 矛盾.

考虑 M 共形等价于单位圆盘 Δ 的情形, 映射 $\Phi^{(l)} : \Delta \to \mathbb{P}^2(\mathbb{C})$ 与 H_j 交叉的零点重数至少为 m_j. 根据已知条件, $(\mathbb{P}^n(\mathbb{C}), D)$ 双曲嵌入在 $\mathbb{P}^n(\mathbb{C})$ 中, 结合引理 3.7, $\{\Phi^{(l)}\}$ 是正规的, 即存在一个子列 $\{\Phi^{(l_i)}\}$ (仍记作 $\{\Phi^{(l)}\}$) 在单位圆盘 Δ 上局部一致收敛于全纯映射 ϕ.

若 ϕ 是常值映射, 则 ϕ 将 Δ 映射成一个单点 Q. 选取一个不包含点 Q 的超平面 H, 令 U 和 V 是两个分别关于超平面 H 和 Q 的不同邻域. 显然, ϕ 不取 $H \subset \mathbb{P}^2(\mathbb{C})$ 的某个邻域. 因为 $\{\Phi^{(l)}\}$ 在单位圆盘 Δ 上内闭一致收敛, 所以当 l 足够大时, $\{\Phi^{(l)}\}$ 不取 H 的一个邻域. 不失一般性, 假设 $H := \{z_2 = 0\} \subset \mathbb{P}^2(\mathbb{C})$, 存在正数 $\varepsilon > 0$ 使得对所有的 l,

$$\frac{|\phi_2^{(l)}|}{\|\Phi^{(l)}\|} \geqslant \varepsilon.$$

利用文献 [3] 中定理 1.2 所使用的技术方法, 容易得到

$$|\mathfrak{K}_l(p)|^{\frac{1}{2}} d_{\Gamma_l}^2(p) \leqslant C_1.$$

这里 C_1 是一个常数, $\mathfrak{K}_l(p)$ 表示曲面在点 p 处的 Gauss 曲率, $d_{\Gamma_l}(p)$ 表示点 p 到曲面 M 边界的测地距离. 再次利用文献 [7] 中主要定理所使用的技术手段, 可通过矛盾得出 ϕ 是非常值的. 因为对所有的 l, $\mathfrak{K}_l(p_l) = -\frac{1}{4}$, 故由命题 4.1 知道, 存在 $\{\phi_j^{(l)}\}$ 的一个子列 (不妨也记为 $\{\phi_j^{(l)}\}$) 在单位圆盘 Δ 上内闭一致收敛于 h_j, $0 \leqslant j \leqslant 2$, h_0, h_1, h_2 没有公共零点. 这样就得到了一个全纯映射 $[h_0 : h_1 : h_2] : M \to \mathbb{P}^2(\mathbb{C})$. 显然, $\phi = [h_0 : h_1 : h_2]$. 注意, 当 $l \to \infty$ 时, $d_{\Gamma_l}(p_l) \to \infty$. 根据引理 3.9, 共形度量 $\mathrm{d}s^2 := \sum\limits_{j=0}^{2} |h_j|^2 |\mathrm{d}z|^2$ 在单位圆盘 Δ 上是完备的. 此外, $\Phi^{(l)}$ 是一些从 Δ 到 $(\mathbb{P}^2(\mathbb{C}), D)$ 上的轨道同态映射, 根据引理 3.8, ϕ 要么是从 Δ 到 $(\mathbb{P}^2(\mathbb{C}), D)$ 上的轨道同态映射, 要么满足 $\phi(\Delta) \subset \mathrm{Supp}(D)$.

若 ϕ 是非常值映射, 则 ϕ 要么是 1 非退化的, 要么是 2 非退化的. 又 ϕ 与超平面 H_j 的交叉重数至少为 $m_j(j = 1, \cdots, q)$, 且

$$\sum_{j=1}^{q} \frac{1}{m_j} < \frac{q-6}{2} < \min\{q-3, \frac{q-2}{2}\},$$

故 ϕ 是一个常值映射, 这是一个矛盾.

综上所述, 式 (3.3.12) 成立, 从而存在不依赖曲面本身仅依赖超平面 $\{H_j\}_{j=1}^{q}$ 的常数 C, 使得

$$|\mathfrak{K}(p)|^{1/2} \leqslant \frac{C}{d(p)}.$$

定理 3.7 得证. $\qquad\qquad\qquad\qquad\qquad\qquad\qquad\qquad\qquad\qquad\qquad\qquad\qquad$ $\square$

第 4 章 开 Riemann 曲面上的值分布理论

1983 年, Nochka 通过引入 "Nochka 权重" 解决了之前长期存在的 Cartan 猜想. 下面介绍经典的小 Picard 定理的一个推广.

定理 4.1(参考文献 [39]) 设 $f : \mathbb{C} \to \mathbb{P}^N(\mathbb{C})$ 是 k 非退化的全纯映射, 即它的像包含在 $\mathbb{P}^N(\mathbb{C})$ 中一个 k 维的子空间中但同时不包含在任何维数小于 k 的子空间中. 那么 f 至多不取 $\mathbb{P}^N(\mathbb{C})$ 中 $2N - k + 1$ 个处于一般位置的超平面. 特别地, 如果全纯映射 f 不取超过 $2N$ 个处于一般位置的超平面, 那么 f 为常值映射.

4.1 开 Riemann 曲面上全纯映射的 Picard 定理

对于极小浸入映射 $X : M \to \mathbb{R}^3$, 选择等温坐标 (u, v), 取 $z = u + \mathrm{i}v$, M 可以被看作一个带有共形度量 $\mathrm{d}s^2 = (1 + |g|^2)^2 |\omega|^2$ 的开 Riemann 曲面, 这里 ω 表示一个全纯 1-形式. 曲面上的 Gauss 映射复合上一个球极投影映射后可被看作曲面 M 上的一个亚纯函数 g. 在值分布性质的研究方面, 欧氏空间中极小曲面上的 Gauss 映射与复平面上的亚纯函数有较高的对应性. 例如, 在 1986 年, H. Fujimoto 证明了 "五值定理", 该定理类似于复平面上的小 Picard 定理, 定理内容是: $\mathbb{R}^3$ 中完备的非平坦极小曲面上的 Gauss 映射不取单位球面上至多 4 个点 [5]. 本节利用类似的方法研究开 Riemann 曲面上全纯映射的值分布性质.

Y. Kawakami 得到了以下结果.

定理 4.2(参考文献 [69]) 设 M 是一个开的 Riemann 曲面, g 是曲面上的一个亚纯函数. 考虑 M 上的度量:

$$\mathrm{d}s^2 = (1 + |g|^2)^m |\omega|^2, \quad m \in \mathbb{Z}_{\geqslant 0},$$

这里 ω 表示一个全纯 1-形式. 假定曲面 M 在此度量下是完备的. 如果 g 非常值, 那么 g 至多不取 $\mathbb{C} \cup \{\infty\}$ 中 $m + 2$ 个不同的值.

基于 $\mathbb{R}^n$ 中极小曲面上推广型 Gauss 映射的值分布性质, X. D. Chen, Y. Z. Li, Z. X. Liu 以及 M. Ru 共同考虑了更一般的开 Riemann 曲面上全纯映射的 Picard 定理.

定理 4.3(参考文献 [70]) 设 M 是一个开的 Riemann 曲面, $G : M \to \mathbb{P}^N(\mathbb{C})$. 再取

$$\mathrm{d}s^2 = \|\tilde{G}\|^{2m} |\omega|^2$$

为 M 上的一个共形度量, 这里 $\tilde{G}$ 是 G 的一个约化表示, ω 是全纯 1-形式, $m \in \mathbb{N}$. 假设 $\mathrm{d}s^2$ 是完备的. 如果 G 是 k 非退化的 $(1 \leqslant k \leqslant N)$, 那么 G 至多不取 $\mathbb{P}^N(\mathbb{C})$ 中 $mk(N - \frac{k-1}{2}) + 2N - k + 1$ 个处于一般位置的超平面.

对于定理 4.3, 可进一步得到涉及零点重数情形的结论.

定理 4.4(参考文献 [71]) 设 M 是一个开的 Riemann 曲面, $G : M \to \mathbb{P}^N(\mathbb{C})$. 再令

$$\mathrm{d}s^2 = \|\tilde{G}\|^{2m} |\omega|^2$$

为 M 上的一个共形度量, 这里 $\tilde{G}$ 是 G 的一个约化表示, ω 是全纯 1-形式, $m \in \mathbb{N}$. 假设 $\mathrm{d}s^2$ 是完备的, $H_1, H_2, \cdots, H_q \subset \mathbb{P}^n(\mathbb{C})$ 是 $\mathbb{P}^N(\mathbb{C})$ 中处于一般位置的超平面. 如果 G 是 k 非退化的 $(1 \leqslant k \leqslant N)$, G 与每个 H_j 的交叉重数至少为 $m_j(> k)$, 并且

$$\sum_{j=1}^{q} \left(1 - \frac{k}{m_j} \right) > (2N - k + 1) \left(\frac{mk}{2} + 1 \right),$$

那么 M 是平坦的, 或者说 G 是一个常值映射.

$\mathbb{P}$ 是一个投影映射, 若向量值函数 $\tilde{G} : U \to \mathbb{C}^{N+1}$ 满足 $\mathbb{P}(\tilde{G}) = G$, 则称 $\tilde{G}$ 为 G 的一个表示. 进一步, 一个约化表示指的是如果 $\tilde{G}(x) \neq 0$ 对所有的 $x \in U$ 成立, 即当我们写 $\tilde{G} = (g_0, \cdots, g_N)$ 时, U 上的全纯函数 $g_0, \cdots, g_N$ 没有公共零点. 显然, 全纯映射 $G : M \to \mathbb{P}^N(\mathbb{C})$ 在任意一点 $p \in M$ 附近都有局部约化表示. 如果 M 是单连通的, 那么 G 会有一个整体的约化表示. 度量 $\mathrm{d}s^2 = \|\tilde{G}\|^{2m} |\omega|^2$ 的表示与 G 的约化表示无关指的是: 如果 $\tilde{G}', \tilde{G}$ 是 G 的两个约化表示, 那么 $\tilde{G} = h\tilde{G}'$, 这里 h 是 M 上不取零的全纯函数. 因此, $\mathrm{d}s^2 = \|\tilde{G}\|^{2m} |\omega|^2 = \|\tilde{G}'\|^{2m} |\omega'|^2$, 这里 $\omega' := h^m \omega$ 仍然是全纯 1-形式.

当 $m = 0$ 时, $ds^2 = |\omega|^2$ 是 M 上一个平坦的完备度量. 在这种情形下, M 的万有覆盖是整个复平面 $\mathbb{C}$. 假设 $\Pi : \mathbb{C} \to M$ 是万有覆盖映射, 考虑用 $G \circ \Pi$ 替代 G, 这样 G 可被看作 $\mathbb{C}$ 上的亚纯函数, 因此, 这个结果覆盖了定理 4.1.

推论 4.1(参考文献 [70])　设 M 是一个开的 Riemann 曲面, $G : M \to \mathbb{P}^N(\mathbb{C})$. 取

$$ds^2 = \|\tilde{G}\|^{2m}|\omega|^2$$

为 M 上的一个共形度量, 这里 $\tilde{G}$ 是 G 的一个约化表示, ω 是全纯 1-形式, $m \in \mathbb{Z}_{\geqslant 1}$. 假设 ds^2 是完备的. 如果 G 不取 $\mathbb{P}^N(\mathbb{C})$ 中超过 $\frac{N+1}{2}(mN + 2)$ 个处于一般位置的超平面, 那么 G 为常值映射.

如果 G 不是常值的, 那么存在常数 $k, 1 \leqslant k \leqslant N$ 使得 G 是 k 非退化的. 另外, 根据定理 4.3, 我们知道 G 至多不取 $mk(N - \frac{k-1}{2}) + 2N - k + 1$ 个 $\mathbb{P}^N(\mathbb{C})$ 中处于一般位置的超平面. 事实上, $mk(N - \frac{k-1}{2}) + 2N - k + 1 \leqslant \frac{N+1}{2}(mN + 2)$ 对所有的 $1 \leqslant k \leqslant N$ 成立.

下面利用类似于证明定理 3.2 的方法来证明定理 4.3.

定理 4.3 的证明　假设定理 4.3 的结论不成立, 即 G 可以不取 $\mathbb{P}^N(\mathbb{C})$ 中超过 $mk(N - \frac{k-1}{2}) + 2N - k + 1$ 个处于一般位置的超平面. 不妨假设 M 是单连通的, 如果有必要的话可取 M 的万有覆盖. 进一步, 利用单值化定理知道 M 共形等价于 $\mathbb{C}$ 或者单位圆盘 Δ. 根据定理 4.1, 一个 k 非退化的从 $\mathbb{C}$ 到 $\mathbb{P}^N(\mathbb{C})$ 的全纯映射至多不取 $2N - k + 1$ 个处于一般位置的超平面. 注意, $mk(N - \frac{k-1}{2}) + 2N - k + 1 \geqslant 2N - k + 1$, 所以我们只需要考虑 M 共形等价于单位圆盘 Δ 的情形.

因为 G 是 k 非退化的, 所以存在 $k(1 \leqslant k \leqslant N)$ 使得 G 的像包含在 $\mathbb{P}^k(\mathbb{C}) \subset \mathbb{P}^N(\mathbb{C})$ 中, 但是不包含在任意维数低于 k 的子空间中. 基于此, 可设 $G : \Delta \to \mathbb{P}^k(\mathbb{C})$ 是线性非退化的, 取 G 的一个约化表示 $\tilde{G} = (g_0, g_1, \cdots, g_k)$, 如果令 $\tilde{H}_j := H_j \cap \mathbb{P}^k(\mathbb{C})$, $1 \leqslant j \leqslant q$, 那么这些超平面在 $\mathbb{P}^k(\mathbb{C})$ 中是处于 N 次一般位置的. 不妨假设 $\tilde{H}_j$ 可表示为

$$\tilde{H}_j : a_{j0}z_0 + a_{j1}z_1 + \cdots + a_{jk}z_k = 0 \ (1 \leqslant j \leqslant q).$$

根据之前的分析可以得出, $\tilde{G}_k(z) \not\equiv 0$, 且对于所有的 s, j, $\tilde{G}_s(\tilde{H}_j)$ 都不恒为零. 由

式 (2.3.2), 在每个 $\tilde{G}_s(\tilde{H}_j)$ 的表达式中, 存在 $i_1, i_2, \cdots, i_s$ 使得

$$\psi_{js} := \sum_{t \neq i_1, \cdots, i_s} a_{jt} W(g_t, g_{i_1}, \cdots, g_{i_s}) \tag{4.1.1}$$

不恒为零. 注意, 这里每个 ψ_{js} 都是只有孤立零点的全纯函数.

令 $\varpi(j)$ 表示与超平面 $\tilde{H}_j$ 相对应的 Nochka 权重系数. 利用引理 2.9, 有

$$q - 2N + k - 1 = \theta \left(\sum_{j=1}^{q} \varpi(j) - k - 1 \right)$$

和

$$\theta \leqslant \frac{2N - k + 1}{k + 1}.$$

进一步,

$$\frac{2 \left(\sum_{j=1}^{q} \varpi(j) - k - 1 \right)}{mk(k+1)} = \frac{2(q - 2N + k - 1)}{\theta mk(k+1)} \geqslant \frac{2(q - 2N + k - 1)}{mk(2N - k + 1)}. \tag{4.1.2}$$

假设条件 $q > mk(N - \frac{k-1}{2}) + 2N - k + 1$ 蕴含着

$$\frac{2(q - 2N + k - 1)}{mk(2N - k + 1)} > 1.$$

由式 (4.1.2), $\sum_{j=1}^{q} \varpi(j) - k - 1 - \frac{mk(k+1)}{2} > 0$.

令

$$\chi := \sum_{j=1}^{q} \varpi(j) - (k+1) - \frac{2q}{L}(k^2 + 2k - 1),$$

$$\lambda := \frac{m}{\chi} \left(\frac{1}{2} k(k+1) + \frac{2q}{L} \sum_{s=0}^{k} (k-s)^2 \right).$$

选择适当的正数 L 满足

$$\frac{\sum\limits_{j=1}^{q} \varpi(j) - k - 1 - \frac{mk}{2}(k+1)}{\frac{2m}{q} + \sum\limits_{s=0}^{k} (k-s)^2 + k^2 + 2k - 1} < \frac{2q}{L} < \frac{\sum\limits_{j=1}^{q} \varpi(j) - k - 1 - \frac{mk}{2}(k+1)}{\sum\limits_{s=0}^{k} m(k-s)^2 + k^2 + 2k - 1},$$

这就使得

$$0 < \lambda < 1, \qquad \frac{4m}{L\chi(1-\lambda)} > 1. \tag{4.1.3}$$

令 $\omega = h\mathrm{d}z$, 这里 h 是一个不取零的全纯函数. 在 M' 上定义一个新的度量:

$$\mathrm{d}\sigma^2 = \left(\frac{\prod\limits_{j=1}^{q} |\tilde{G}(\tilde{H}_j)|^{\varpi(j)}}{|\tilde{G}_k|^{1+\frac{2q}{L}} \prod\limits_{j=1}^{q} \left(\prod\limits_{s=0}^{k-1} |\psi_{js}| \right)^{\frac{4}{L}}} \right)^{\frac{2m}{(1-\lambda)\chi}} |h|^{\frac{2}{1-\lambda}} |\mathrm{d}z|^2, \tag{4.1.4}$$

这里 $M' := \Delta \backslash \{ p \in \Delta \mid$ 要么 $\tilde{G}_k = 0$, 要么 $\prod\limits_{j=1}^{q} \prod\limits_{s=0}^{k-1} |\psi_{js}| = 0 \}$.

显然, $\mathrm{d}\sigma^2$ 是 M' 上的平坦度量. 固定一点 $p_0 \in M'$, 利用引理 3.2, 存在一个局部的微分同胚映射 Ψ 将 $\Delta_R = \{ w \in \mathbb{C} : |w| < R \}(0 < R \leqslant \infty)$ 映射到 p_0 的一个开邻域, 该映射满足 $\Psi(0) = p_0$ 且是一个局部的等距映射. 同时存在满足 $|a_0| = 1$ 的 a_0, 使得线段 $L_{a_0} = \{ z = a_0 t : 0 < t < R \}$ 在映射 Ψ 下的像 Γ_{a_0} 在 M' 上是发散的. 对 $G \circ \Psi$ 应用定理 4.1, 知道 $R < \infty$ (与之前 $M = \mathbb{C}$ 的情形是一样的).

我们断言: Γ_{a_0} 发散到 Δ 的边界. 采用反证法, 存在 s 和 j 使得 $\tilde{G}_k(z_0) = 0$ 或者 $\psi_{js}(z_0) = 0$, 曲线 Γ_{a_0} 发散到 z_0. 令

$$\Lambda = \left(\frac{\prod\limits_{j=1}^{q} |\tilde{G}(\tilde{H}_j)|^{\varpi(j)}}{|\tilde{G}_k|^{1+\frac{2q}{L}} \prod\limits_{j=1}^{q} \left(\prod\limits_{s=0}^{k-1} |\psi_{js}| \right)^{\frac{4}{L}}} \right)^{\frac{m}{(1-\lambda)\chi}}.$$

由式 (4.1.3), Λ 的极点重数至少为 $\delta_0 = \frac{4m}{L\chi(1-\lambda)}(> 1)$, 从而

$$R = \int_{L_{a_0}} \Psi^* \mathrm{d}\sigma = \int_{\Gamma_{a_0}} \mathrm{d}\sigma$$

$$= \int_{\Gamma_{a_0}} \Lambda |h|^{\frac{1}{1-\lambda}} |\mathrm{d}z|$$

$$\geqslant c \int_{\Gamma_{a_0}} \frac{1}{|z - z_0|^{\delta_0}} |\mathrm{d}z| = \infty,$$

这导出一个矛盾. 因此, $\Gamma_{a_0} = \Psi(L_{a_0})$ 发散到 Δ 的边界.

接下来证明 Γ_{a_0} 在度量 $\|\tilde{G}\|^{2m}|\omega|^2$ 下的长度是有限的, 并根据度量的完备性得出矛盾. 利用 Ψ 的等距性, 式 (4.1.4) 变成

$$|\mathrm{d}w| = \Psi^*\mathrm{d}\sigma = \Psi^* \left[\left(\frac{\prod\limits_{j=1}^{q} |\tilde{G}(\tilde{H}_j)|^{\varpi(j)}}{|\tilde{G}_k|^{1+\frac{2q}{L}} \prod\limits_{j=1}^{q} \left(\prod\limits_{s=0}^{k-1} |\psi_{js}| \right)^{\frac{4}{L}}} \right)^{\frac{m}{(1-\lambda)\chi}} |h|^{\frac{1}{1-\lambda}} |\mathrm{d}z| \right]. \quad (4.1.5)$$

引入以下一些定义在 $\{w | |w| < R\}$ 上的函数:

$$f_s(w) := g_s(\circ\Psi(w)) \ (0 \leqslant s \leqslant k)$$

以及

$$F := (f_0 : f_1 : \cdots : f_k), \quad \|F\|^2 = |f_0|^2 + \cdots + |f_k|^2.$$

对于 $1 \leqslant j \leqslant q$, $0 \leqslant s \leqslant k$, 定义

$$F(H_j) := a_{j0} f_0 + \cdots + a_{jk} f_k, \quad F_k := W(f_0, f_1, \cdots, f_k)$$

以及

$$\varphi_{js} := \sum_{t \neq i_1, \cdots, i_s} a_{jt} W(f_t, f_{i_1}, \cdots, f_{i_s}),$$

这里的 $(i_1, \cdots, i_s)$ 就是式 (3.1.8) 中 ψ_{js} 的定义中的指标. 取 F 的一个约化表示 $\tilde{F} = (f_0, f_1, \cdots, f_k)$. 分别用 $\tilde{F}_s(w)$ 和 $\tilde{G}_s(z)$ 表示 F 和 G 的 s 次衍生曲线, 显然, 对于 $0 \leqslant s \leqslant k$,

$$\tilde{F}_s(w) = \tilde{G}_s(z) \left(\frac{\mathrm{d}z}{\mathrm{d}w} \right)^{s(s+1)/2}.$$

由式 (4.1.5) 可得

$$|\mathrm{d}w| = \left(\frac{\prod\limits_{j=1}^{q} |F(\tilde{H}_j)|^{\varpi(j)}}{|F_k|^{1+\frac{2q}{L}} \prod\limits_{j=1}^{q} \left(\prod\limits_{s=0}^{k-1} |\varphi_{js}| \right)^{\frac{4}{L}}} \right)^{\frac{m}{(1-\lambda)\chi}} \left| \frac{\mathrm{d}z}{\mathrm{d}w} \right|^{\frac{m\left((1+\frac{2q}{L})\frac{k(k+1)}{2} + \frac{2q}{L} \sum\limits_{s=0}^{k-1} s(s+1) \right)}{(1-\lambda)\chi}} |h|^{\frac{1}{1-\lambda}} |\mathrm{d}z|$$

$$= \left(\frac{\prod\limits_{j=1}^{q} |F(\tilde{H}_j)|^{\varpi(j)}}{|F_k|^{1+\frac{2q}{L}} \prod\limits_{j=1}^{q} \left(\prod\limits_{s=0}^{k-1} |\varphi_{js}| \right)^{\frac{4}{L}}} \right)^{\frac{m}{(1-\lambda)\chi}} \left| \frac{\mathrm{d}z}{\mathrm{d}w} \right|^{\frac{\lambda}{1-\lambda}} |h|^{\frac{1}{1-\lambda}} |\mathrm{d}z|.$$

因而,

$$\frac{|\mathrm{d}w|}{|\mathrm{d}z|} = \left(\frac{\prod\limits_{j=1}^{q} |F(\tilde{H}_j)|^{\varpi(j)}}{|F_k|^{1+\frac{2q}{L}} \prod\limits_{j=1}^{q} \left(\prod\limits_{s=0}^{k-1} |\varphi_{js}| \right)^{\frac{4}{L}}} \right)^{\frac{m}{\chi}} |h|. \tag{4.1.6}$$

用 $l(\Gamma_{a_0})$ 表示曲线 Γ_{a_0} 在度量 $\|\tilde{G}\|^{2m}|\omega|^2$ 下的长度, 则由式 (4.1.6), 对所有的 $0 \leqslant s \leqslant k,\ 1 \leqslant j \leqslant q,\ |\varphi_{js}| \leqslant |F_s(\tilde{H}_j)|$, 有如下估计:

$$\begin{aligned} l(\Gamma_{a_0}) &= \int_{\Gamma_{a_0}} \|\tilde{G}\|^m |\omega| = \int_{L_{a_0}} \Psi^*(\|\tilde{G}\|^m |\omega|) \\ &= \int_{L_{a_0}} \|F\|^m |h \circ \Psi| \frac{|\mathrm{d}z|}{|\mathrm{d}w|} |\mathrm{d}w| \\ &\leqslant \int_{L_{a_0}} \left(\frac{\|F\|^{\chi} |F_k|^{1+\frac{2q}{L}} \prod\limits_{j=1}^{q} \left(\prod\limits_{s=0}^{k-1} |F_s(\tilde{H}_j)| \right)^{\frac{4}{L}}}{\prod\limits_{j=1}^{q} |F(\tilde{H}_j)|^{\varpi(j)}} \right)^{\frac{m}{\chi}} |\mathrm{d}w|. \end{aligned}$$

根据引理 2.7 以及 $0 < \lambda < 1$, 有

$$l(\Gamma_{a_0}) \leqslant C \int_0^R \left(\frac{2R}{R^2 - |w|^2} \right)^{\lambda} |\mathrm{d}w| < \infty,$$

这与给定度量 $\|\tilde{G}\|^2 |\omega|^2$ 的完备性相矛盾. 定理 4.3 得证. □

4.2　开 Riemann 曲面在共形度量下的曲率估计

设 M 是一个开的 Riemann 曲面, $G : M \to \mathbb{P}^N(\mathbb{C})$ 是一个全纯映射. 取 G 的一个约化表示 $\tilde{G} = (g_0, \cdots, g_N)$, 令 $\|\tilde{G}\|^2 = \sum\limits_{j=0}^{N} |g_j|^2$. 再令

$$\mathrm{d}s^2 = \|\tilde{G}\|^{2m} |\omega|^2 \tag{4.2.1}$$

是 M 上的一个共形度量, $m \in \mathbb{N}$, $\omega = h\mathrm{d}z$ 是一个全纯 1-形式.

接下来给出曲面 M 在共形度量 $\mathrm{d}s^2 = \|\tilde{G}\|^{2m}|\omega|^2$ 下曲率 $\mathfrak{K}(\mathrm{d}s^2)$ 的具体表达式. 根据曲率的定义, 有

$$\mathfrak{K}(\mathrm{d}s^2) = -m\frac{\Delta \log \|\tilde{G}\|}{\|\tilde{G}\|^{2m}|h|^2} = -2m\frac{\displaystyle\sum_{0\leqslant i<j\leqslant N}|g_ig_j'-g_i'g_j|^2}{\|\tilde{G}\|^{2m+4}|h|^2}. \tag{4.2.2}$$

定义一些亚纯函数 $\psi_j(z)$:

$$\psi_j(z) = \frac{g_j(z)}{g_N(z)}, \quad j = 0,1,\cdots,N-1, \tag{4.2.3}$$

从而有

$$\psi_i\psi_j' - \psi_i'\psi_j = \frac{g_ig_j'-g_i'g_j}{g_N^2}, \quad i,j = 0,1,\cdots,N-1.$$

式 (4.2.2) 可以重写为

$$\mathfrak{K}(\mathrm{d}s^2) = -2m\frac{\displaystyle\sum_{0\leqslant i<j\leqslant N-1}|\psi_i\psi_j'-\psi_i'\psi_j|^2 + \sum_{j=0}^{N-1}|\psi_j'|^2}{|g_N|^{2m}\left(1+\displaystyle\sum_{j=0}^{N-1}|\psi_j|^2\right)^{m+2}|h|^2}. \tag{4.2.4}$$

取 M 在万有覆盖变换 $z(w)$ 下的万有覆盖曲面 $\tilde{M}$. 假设 $\tilde{M}$ 上的点 $w = 0$ 对应 M 上的点 p. 令 $\mathrm{d}s_z$ 为 M 上的共形度量, $\mathrm{d}s_z = \rho(z)|\mathrm{d}z| = \rho(z(w))|\mathrm{d}z/\mathrm{d}w||\mathrm{d}w|$, 这就意味着

$$\mathfrak{K}_{\tilde{M}}(w) = -\frac{\Delta_w \log(\rho(z(w))|\mathrm{d}z/\mathrm{d}w|)}{(\rho(z(w))|\mathrm{d}z/\mathrm{d}w|)^2} = -\frac{\Delta_z \log \rho}{\rho^2} \circ z(w) = \mathfrak{K}_M(z(w)).$$

上述讨论说明曲面在共形度量下的曲率与曲面 M 的万有覆盖的选取无关.

4.2.1 不取某邻域情形下的曲率估计

现在我们利用文献 [3] 定理 1.2 中类似的方法得到全纯映射 G 在不取某个超平面的邻域情形下的曲面 M 的曲率估计.

定理 4.5(参考文献 [70])　设 M 是一个开的 Riemann 曲面, $G: M \to \mathbb{P}^N(\mathbb{C})$. 再取 M 上的一个共形度量

$$ds^2 = \|\tilde{G}\|^{2m}|\omega|^2,$$

这里 $\tilde{G}$ 是 G 的一个约化表示, ω 是全纯 1-形式, $m \in \mathbb{Z}_{\geqslant 0}$. 如果 G 不取 $\mathbb{P}^N(\mathbb{C})$ 中某个超平面的邻域 U, 那么存在仅依赖 U(不依赖 G 和 M) 的常数 C 使得

$$|\mathfrak{K}(p)|^{\frac{1}{2}} \leqslant \frac{C}{d(p)}, \tag{4.2.5}$$

这里 $\mathfrak{K}(p)$ 表示曲面上 p 点处关于共形度量 ds^2 的 Gauss 曲率, $d(p)$ 表示从点 p 到 M 边界的测地距离.

证明　不妨假设 M 是单连通的, 如果有必要的话可取 M 的万有覆盖. 进一步, 利用单值化定理知道 M 共形等价于 $\mathbb{C}$ 或者单位圆盘 Δ. 根据定理 4.1, 当 M 共形等价于 $\mathbb{C}$ 时, G 只能是常值, 这是一个矛盾. 因此, 接下来只需要考虑 M 为单位圆盘 Δ 的情形.

任意给定 $p \in M$, 不妨假设点 p 对应 $z = 0$. 不失一般性, 若 G 不取 $\mathbb{P}^N(\mathbb{C})$ 中超平面 $H: \{z_N = 0\}$ 的一个邻域, 则存在正常数 $0 < \epsilon < 1$ 使得

$$\frac{|g_N|}{\|\tilde{G}\|} \geqslant \epsilon. \tag{4.2.6}$$

令 $\psi_j = \frac{g_j}{g_N}$, 上述不等式蕴含着

$$\sum_{j=0}^{N-1} |\psi_j(z)|^2 \leqslant \frac{1}{\epsilon^2} - 1. \tag{4.2.7}$$

令

$$C_j := |\psi_j(0)|, \quad D_j := |\psi_j'(0)|, \quad M_j := \sup_{|z|<1} |\psi_j(z)|.$$

对函数 ψ_j/M_j 应用 Schwarz-Pick 引理, 有

$$D_j \leqslant M_j \left(1 - \frac{C_j^2}{M_j^2}\right) = M_j \eta_j, \quad \eta_j = 1 - \frac{C_j^2}{M_j^2} < 1.$$

进一步, 由式 (4.2.7) 知道, 对于任意的 $0 \leqslant j \leqslant N-1$,

$$C_j^2 \leqslant M_j^2 \leqslant \frac{1}{\epsilon^2} - 1, \quad D_j^2 \leqslant \left(\frac{1}{\epsilon^2} - 1\right) \eta_j^2. \tag{4.2.8}$$

利用 Cauchy-Schwarz 不等式, 有

$$\sum_{0 \leqslant i < j \leqslant N-1} |\psi_i(0)\psi_j'(0) - \psi_i'(0)\psi_j(0)|^2$$

$$\leqslant \sum_{0 \leqslant i < j \leqslant N-1} (C_i D_j + C_j D_i)^2$$

$$\leqslant \sum_{0 \leqslant i < j \leqslant N-1} 2(C_i^2 D_j^2 + C_j^2 D_i^2) \leqslant 2 \sum_{i=0}^{N-1} C_i^2 \sum_{j=0}^{N-1} D_j^2.$$

结合式 (4.2.8), 上述不等式可以推出

$$\sum_{0 \leqslant i < j \leqslant N-1} |\psi_i(0)\psi_j'(0) - \psi_i'(0)\psi_j(0)|^2 + \sum_{j=0}^{N-1} |\psi_j'(0)|^2 \leqslant 2N \left(\frac{1}{\epsilon^2} - 1\right) \left(1 + \sum_{i=0}^{N-1} C_i^2\right).$$

再由式 (4.2.4), 有

$$|\mathfrak{K}(0)| \leqslant \frac{4mN}{|g_N^{2m}(0)h^2(0)|} \left(\frac{1}{\epsilon^2} - 1\right). \tag{4.2.9}$$

现在开始估计 $d(0)$. 用 γ 表示任意一条从 0 到边界 Δ 的曲线. 结合式 (4.2.6), γ 在 M 上的长度可被估计为

$$l(\gamma) = \int_\gamma \mathrm{d}s = \int_\gamma \|\tilde{G}\|^m |h| |\mathrm{d}z| \leqslant \frac{1}{\epsilon^m} \int_\gamma |g_N^m| |h| |\mathrm{d}z|.$$

由式 (4.2.6), 可以看出度量 $\mathrm{d}\sigma_0 := |g_N^m| |h| |\mathrm{d}z|$ 是平坦的. 根据引理 3.2, 存在一个局部的微分同胚映射 Ψ 将 $\Delta_R = \{w \in \mathbb{C} : |w| < R\}(0 < R \leqslant \infty)$ 映射到 p 的一个开邻域, 且该映射满足 $\Psi(0) = p$, 是一个局部的等距映射. 假设 R 是使得 Ψ 保持全纯性的最大半径, 根据定理 4.1, 因为 G 不是常值映射, 所以 $R < +\infty$. 根据引理 3.2, 存在满足 $|w_0| = R$ 的一点 w_0 使得从 $w = 0$ 到 w_0 的线段 L 在 Ψ 映射下的像 Γ 在 M 上是发散的. 另外, Ψ 可被看作从 Δ_R 到 Δ 的全纯映射. 根据

Schwarz 引理, 有 $|\Psi'(0)| \leqslant 1/R$, 从而

$$d(0) = \inf_{\gamma} \int_{\gamma} \|\tilde{G}\|^m |h| |\mathrm{d}z| \leqslant \int_{\Gamma} \|\tilde{G}\|^m |h| |\mathrm{d}z| \leqslant \frac{1}{\epsilon^m} \int_{\Gamma} |g_N^m| |h| |\mathrm{d}z|$$

$$= \frac{1}{\epsilon^m} \int_{L} |\mathrm{d}w| = \frac{R}{\epsilon^m} \leqslant \frac{1}{\epsilon^m |\Psi'(0)|} = \frac{|g_N^m(0)h(0)|}{\epsilon^m}.$$

结合上式以及式 (4.2.9), 有

$$|\mathfrak{K}(0)| \leqslant 4mN \frac{1-\epsilon^2}{\epsilon^{2m+2}} / d^2(0).$$

这样就完成了定理 4.5 的证明. □

4.2.2　不取某些超平面情形下的曲率估计

定理 4.6(参考文献 [70])　设 M 是一个开的 Riemann 曲面, $G : M \to \mathbb{P}^N(\mathbb{C})$. 再取 M 上的一个共形度量

$$\mathrm{d}s^2 = \|\tilde{G}\|^{2m} |\omega|^2,$$

这里 $\tilde{G}$ 是 G 的一个约化表示, ω 是全纯 1-形式, $m \in \mathbb{Z}_{\geqslant 0}$. 如果 G 不取 $\mathbb{P}^N(\mathbb{C})$ 中超过 $\frac{N+1}{2}(mN+2)$ 个处于一般位置的超平面, 那么存在仅依赖于那些取不到的超平面的常数 C, 使得

$$|\mathfrak{K}(p)|^{\frac{1}{2}} \leqslant \frac{C}{d(p)}, \qquad (4.2.10)$$

这里 $\mathfrak{K}(p)$ 表示曲面上 p 点处关于共形度量 $\mathrm{d}s^2$ 的 Gauss 曲率, $d(p)$ 表示点 p 到 M 边界的测地距离.

注意, 这里不要求度量 $\mathrm{d}s^2 = \|\tilde{G}\|^{2m} |\omega|^2$ 是完备的, 当度量完备时, 其结果对应定理 4.3.

接下来, 我们将采用 R. Osserman 和 M. Ru 在文献 [7] 中使用的方法证明定理 4.6. 以下命题将在后面定理 4.6 的证明过程中起着至关重要的作用.

命题 4.1(参考文献 [70])　设 M 是一个开的单连通 Riemann 曲面, $G^{(l)} : M \to \mathbb{P}^N(\mathbb{C})$ 是一列全纯映射. 对每个 $G^{(l)}$, 取全局约化表示 $\tilde{G}^{(l)} = (g_0^{(l)}, \cdots, g_N^{(l)})$, 以及 $\|\tilde{G}^{(l)}\|^2 = \sum_{j=0}^{N} |g_j^{(l)}|^2$. 令

$$ds_l^2 = \|\tilde{G}^{(l)}\|^{2m}|dz|^2,$$

$m \in \mathbb{N}$. 用 $\mathfrak{K}_l$ 表示曲面 M 在上述度量下对应的 Gauss 曲率. 假设 $\{G^{(l)}\}$ 在 M 上内闭一致收敛于一个非常值的全纯映射 G, 且 $\{|\mathfrak{K}_l|\}$ 是一致有界的, 那么

(i) $\{\mathfrak{K}_l\}$ 中存在收敛到 0 的子列 $\{\mathfrak{K}_{l_i}\}$;

(ii) 对于每个 $0 \leqslant j \leqslant N$, $\{g_j^{(l)}\}$ 中存在在 M 上收敛到全纯函数 h_j 的子列 $\{g_j^{(l_i)}\}$. 进一步, $h_0, \cdots, h_N$ 没有公共零点.

注 4.1 命题 4.1 对于度量 $ds_l^2 = \|\tilde{G}^{(l)}\|^{2m}|\omega^{(l)}|^2$ 也是成立的, 这里 $\omega^{(l)} = h^{(l)}dz$ 是一个全纯 1-形式. 事实上, 可以考虑 $G^{(l)}$ 的另外一个约化表示 $\tilde{G}^{(l)} = (g_0^{(l)}/h^{(l)}, g_1^{(l)}/h^{(l)}, \cdots, g_N^{(l)}/h^{(l)})$, 而不是 $(g_0^{(l)}, g_1^{(l)}, \cdots, g_N^{(l)})$.

命题 4.1 的证明 回顾式 (4.2.2), 对于任意的全纯映射 $G : M \to \mathbb{P}^N(\mathbb{C})$, $\tilde{G}$ 是它的一个约化表示, M 上的一个度量 $ds^2 := \|\tilde{G}\|^{2m}|dz|^2$ 有如下曲率表达式:

$$\mathfrak{K}(ds^2) = -m\frac{\Delta \log \|\tilde{G}\|}{\|\tilde{G}\|^{2m}} = -2m\frac{\|\tilde{G} \wedge \tilde{G}'\|^2}{\|\tilde{G}\|^{2m+4}} = -2m\frac{\sum\limits_{0 \leqslant i < j \leqslant n}|g_ig_j' - g_i'g_j|^2}{\|\tilde{G}\|^{2m+4}}.$$

$$(4.2.11)$$

不失一般性, 假设对所有的 l, 有 $|K_l| \leqslant 1$ 成立. 假设 $\{G^{(l)}\}$ 在 M 上内闭一致收敛于非常值的全纯映射 $G : M \to \mathbb{P}^N(\mathbb{C})$. 令 $\tilde{G} = (g_0, \cdots, g_N)$ 是 G 的一个约化表示. 因为 G 不是一个常值, 所以 $G(M)$ 一定不会被包含在某个坐标超平面中. 不失一般性, 假设 $G(M) \not\subset H_0$, $H_0 = \{[y_0 : \cdots : y_N] \in \mathbb{P}^N(\mathbb{C})|y_0 = 0\}$.

设

$$M_0 = \{p \in M | G(p) \notin H_0, \tilde{G}(p) \wedge \tilde{G}'(p) \neq 0\}.$$

显然, $M \setminus M_0$ 是一个由 g_0 的零点和 $g_jg_k' - g_kg_j'$, $0 \leqslant j, k \leqslant N$ 的公共零点组成的离散集. 取 $p \in M_0$, 因为 $G(p) \notin H_0$, 所以存在 p 点的一个邻域 U_p 使得在 U_p 上, 有 $G(z) \notin H_0$, 即 $g_0 \neq 0$. 适当缩小 U_p, 存在正数 c 使得对所有的 $z \in U_p$ 有

$$2c \leqslant \frac{2m\|\tilde{G} \wedge \tilde{G}'\|^2/|g_0|^4}{\left(1 + \sum\limits_{j=1}^{N}\left|\dfrac{g_j}{g_0}\right|^2\right)^{m+2}} = \frac{2m\sum\limits_{j<k}\left|\dfrac{g_j}{g_0}\left(\dfrac{g_k}{g_0}\right)' - \dfrac{g_k}{g_0}\left(\dfrac{g_j}{g_0}\right)'\right|^2}{\left(1 + \sum\limits_{j=1}^{N}\left|\dfrac{g_j}{g_0}\right|^2\right)^{m+2}}.$$

对于充分大的 l, 因为在 U_p 上一致有 $G^{(l)} \to G$, 所以对所有的 $z \in U_p$, $G^{(l)}(z) \notin H_0$. 根据引理 2.21, $\{g_j^{(l)}/g_0^{(l)}\}$ 在 U_p 上一致收敛于 g_j/g_0, $1 \leqslant j \leqslant N$. 因此, 上述不等式蕴含着对充分大的 l, 有

$$\frac{2m \sum\limits_{j<k} \left| \dfrac{g_j^{(l)}}{g_0^{(l)}} \left(\dfrac{g_k^{(l)}}{g_0^{(l)}}\right)' - \dfrac{g_k^{(l)}}{g_0^{(l)}} \left(\dfrac{g_j^{(l)}}{g_0^{(l)}}\right)' \right|^2}{\left(1 + \sum\limits_{j=1}^{N} \left| \dfrac{g_j^{(l)}}{g_0^{(l)}} \right|^2 \right)^{m+2}} \geqslant c. \tag{4.2.12}$$

另外, 由式 (4.2.11) 得

$$|\mathfrak{K}_l| = \frac{2m \sum\limits_{j<k} \left| \dfrac{g_j^{(l)}}{g_0^{(l)}} \left(\dfrac{g_k^{(l)}}{g_0^{(l)}}\right)' - \dfrac{g_k^{(l)}}{g_0^{(l)}} \left(\dfrac{g_j^{(l)}}{g_0^{(l)}}\right)' \right|^2}{|g_0^{(l)}|^{2m} \left(1 + \sum\limits_{j=1}^{N} \left| \dfrac{g_j^{(l)}}{g_0^{(l)}} \right|^2 \right)^{m+2}} \leqslant 1. \tag{4.2.13}$$

结合式 (4.2.12) 以及式 (4.2.13), 对充分大的 l, $|g_0^{(l)}|^{2m} \geqslant c$ 在 U_p 上成立. 利用 Montel 定理, $\{g_0^{(l)}\}$ 在 U_p 上是正规的. 因为 $M \setminus M_0$ 是离散的, 故可假设 $\{g_0^{(l)}\}$(如有必要的话可取某个子列) 在 M_0 上内闭一致收敛于全纯函数 h_0 或者在 M_0 的任意子集上发散到 ∞.

我们断言: $\{g_0^{(l)}\}$ 在 M_0 的任意子集一致发散到 ∞ 的情形对应定理中的第一个结论 (i). 事实上, 当 $p \in M_0$ 时, 由式 (4.2.11), 有

$$|\mathfrak{K}_l(p)| = \frac{2m \sum\limits_{j<k} \left| \dfrac{g_j^{(l)}(p)}{g_0^{(l)}(p)} \left(\dfrac{g_k^{(l)}}{g_0^{(l)}}\right)'(p) - \dfrac{g_k^{(l)}(p)}{g_0^{(l)}(p)} \left(\dfrac{g_j^{(l)}}{g_0^{(l)}}\right)'(p) \right|^2}{\left|g_0^{(l)}(p)\right|^{2m} \left(1 + \sum\limits_{j=1}^{N} \left| \dfrac{g_j^{(l)}(p)}{g_0^{(l)}(p)} \right|^2 \right)^{m+2}} \to 0.$$

如果 $p \notin M_0$ 但是 $G(p) \notin H_0$, 那么在以 p 点为圆心、2ϵ 为半径的圆盘 $\Delta_{2\epsilon}$ 上, 对充分大的 l 以及所有的 $z \in \Delta_{2\epsilon}$, 有 $G^{(l)}(z) \notin H_0$, 即 $g_0^{(l)}$ 是 $\Delta_{2\epsilon}$ 上不取零的

全纯函数. 根据假设条件, $\{g_0^{(l)}\}$ 在 $\partial\Delta_\epsilon$ 上一致收敛于 ∞. 根据最大模原理知道, $\{g_0^{(l)}\}$ 在 Δ_ϵ 上收敛于 ∞, 所以 $|K_l(p)| \to 0$. 最后对于那些满足 $G(p) \in H_0$ 的点 p, 因为 $G(p)$ 不被包含在某些坐标超平面中 (不妨假设 $G(p) \notin H_1$, 即 $g_1(p) \neq 0$), 所以存在一个小的圆盘 $\Delta_{2\epsilon}$ 使得对所有的 $z \in \Delta_{2\epsilon}$, 有 $g_1^{(l)}(z) \neq 0$. 同时当 l 充分大时, $g_0^{(l)}$ 与 g_0 在 $\partial\Delta_\epsilon$ 的邻域上是没有公共零点的. 根据引理 2.21, $\{g_1^{(l)}/g_0^{(l)}\}$ 在 $\partial\Delta_\epsilon$ 上一致收敛于 $\frac{g_1}{g_0}$. 结合假设条件, $\{g_0^{(l)}\}$ 在 M_0 的子集上一致收敛于 ∞. 因为序列 $\{\frac{g_1^{(l)}}{g_0^{(l)}} g_0^{(l)}\}$, 即 $\{g_1^{(l)}\}$ 在 $\partial\Delta_\epsilon \subset \Delta_{2\epsilon}$ 上一致收敛于 ∞, 所以再次利用最大模原理, $\{g_1^{(l)}\}$ 在 Δ_ϵ 上收敛于 ∞, 从而

$$|\mathfrak{K}_l(p)| = \frac{2m \sum_{j<k} \left| \dfrac{g_j^{(l)}(p)}{g_1^{(l)}(p)} \left(\dfrac{g_k^{(l)}}{g_1^{(l)}} \right)'(p) - \dfrac{g_k^{(l)}(p)}{g_1^{(l)}(p)} \left(\dfrac{g_j^{(l)}}{g_1^{(l)}} \right)'(p) \right|^2}{|g_1^{(l)}(p)|^{2m} \left(1 + \sum_{j\neq 1} \left| \dfrac{g_j^{(l)}(p)}{g_1^{(l)}(p)} \right|^2 \right)^{m+2}} \to 0.$$

这样就证明了如果 $\{g_0^{(l)}\}$ 在 M_0 的任意子集上一致收敛于 ∞, 那么对所有的 $p \in M$, $|\mathfrak{K}_l(p)| \to 0$.

接下来考虑 $\{g_0^{(l)}\}$ 在 M_0 上内闭一致收敛于全纯函数 h_0 的情形. 首先, 我们将证明 h_0 可以延拓到整个 M 上的全纯函数. 事实上, 令 $p \in M \setminus M_0$, 存在小的圆盘 $\Delta_{2\epsilon} \subset U_p$, 使得 $\{g_0^{(l)}\}$ 在 $\partial\Delta_\epsilon$ 上一致收敛于 h_0. 因为 $g_0^{(l)}$ 是全纯的, 故利用最大模原理, 可知 $\{g_0^{(l)}\}$ 在 Δ_ϵ 上是一致有界的. 进一步, $\{g_0^{(l)}\}$ 在 Δ_ϵ 上是正规的, 即存在 $\{g_0^{(l)}\}$ 的一个子列在 Δ_ϵ 上一致收敛, 从而 h_0 可以被延拓到整个 M 上的全纯函数, 即 $\{g_0^{(l)}\}$ 在 M 上收敛于 h_0.

现在证明对所有的 $1 \leqslant j \leqslant N$, $\{g_j^{(l)}\}$ 在 M 上一致收敛于全纯函数 h_j. 当 $p \in M$ 满足 $G(p) \notin H_0$ 时, 存在 p 点的一个邻域 U_p 使得当 l 充分大的时候, $g_0, g_0^{(l)}$ 在 U_p 上没有零点. 利用引理 2.21, $\left\{ \dfrac{g_j^{(l)}}{g_0^{(l)}} \right\}$ 在 U_p 上一致收敛. 注意, $g_j^{(l)} = \dfrac{g_j^{(l)}}{g_0^{(l)}} g_0^{(l)}$, $\{g_0^{(l)}\}$ 在 U_p 上一致收敛于 h_0, 这蕴含着对所有的 $1 \leqslant j \leqslant N$, $\{g_j^{(l)}\}$ 在 U_p 上一致收敛于全纯函数 h_j. 考虑 p 满足 $G(p) \in H_0$, 令 $\Delta_{2\epsilon}(\subset U_p)$ 是足够小的邻域, 使得对充分大的 l, $g_0, g_0^{(l)}$ 在 $\partial\Delta_\epsilon$ 的邻域上没有零点. 因为 $g_j^{(l)}$ 是全纯

的, 故利用最大模原理, 可知 $\{g_j^{(l)}\}$ 在 Δ_ϵ 上是一致有界的. 也就是说, $\{g_j^{(l)}\}$ 在 Δ_ϵ 上是正规的. 这样就存在 $\{g_j^{(l)}\}$ 的子列在 Δ_ϵ 上一致收敛. 令 h_j 表示这个极限函数, 那么 h_j 在 Δ_ϵ 上是全纯的.

最后证明这些 h_j 是没有公共零点的. 因为 G 是非常值的, 所以对任意给定的 $p \in M$, 存在满足 $0 \leqslant s \leqslant N$ 的 s 以及 p 点的小邻域 U_p 使得当 l 充分大时, g_s 和 $g_s^{(l)}$ 在 U_p 上没有零点. 因为 $\{g_s^{(l)}\}$ 在 U_p 上一致收敛于 h_s, 根据 Hurwitz 定理 (引理 2.16) 知道, h_s 没有零点或者在 U_p 上恒为 0. 如果 h_s 没有零点, 那么证明就完成了. 假设在 U_p 上, $h_s \equiv 0$, 即 $\{g_s^{(l)}\}$ 在 U_p 上收敛于 0. 选取一个点 $q \in U_p$ 并且 $q \in M_0$. 在 U_p 上, $g_s(z) \neq 0$, $g_s^{(l)}(z) \neq 0$ 对于足够大的 l 成立, 从而有

$$
|\mathfrak{K}_l(q)| = \frac{2m \sum_{j<k} \left| \frac{g_j^{(l)}(q)}{g_s^{(l)}(q)} \left(\frac{g_k^{(l)}}{g_s^{(l)}} \right)'(q) - \frac{g_k^{(l)}(q)}{g_s^{(l)}(q)} \left(\frac{g_j^{(l)}}{g_s^{(l)}} \right)'(q) \right|^2}{\left| g_s^{(l)}(q) \right|^{2m} \left(1 + \sum_{j \neq s} \left| \frac{g_j^{(l)}(q)}{g_s^{(l)}(q)} \right|^2 \right)^{m+2}}
$$

$$
= \left| \frac{g_s(q)}{g_s^{(l)}(q)} \right|^{2m} \cdot \frac{2m \sum_{j<k} \left| \frac{g_j^{(l)}(q)}{g_s^{(l)}(q)} \left(\frac{g_k^{(l)}}{g_s^{(l)}} \right)'(q) - \frac{g_k^{(l)}(q)}{g_s^{(l)}(q)} \left(\frac{g_j^{(l)}}{g_s^{(l)}} \right)'(q) \right|^2}{|g_s(q)|^{2m} \left(1 + \sum_{j \neq s} \left| \frac{g_j^{(l)}(q)}{g_s^{(l)}(q)} \right|^2 \right)^{m+2}}.
$$

注意, 当 $l \to \infty$ 时,

$$
\frac{2m \sum_{j<k} \left| \frac{g_j^{(l)}(q)}{g_s^{(l)}(q)} \left(\frac{g_k^{(l)}}{g_s^{(l)}} \right)'(q) - \frac{g_k^{(l)}(q)}{g_s^{(l)}(q)} \left(\frac{g_j^{(l)}}{g_s^{(l)}} \right)'(q) \right|^2}{|g_s(q)|^{2m} \left(1 + \sum_{j \neq s} \left| \frac{g_j^{(l)}(q)}{g_s^{(l)}(q)} \right|^2 \right)^{m+2}} \to \frac{2m \|\tilde{G}(q) \wedge \tilde{G}'(q)\|^2}{\|\tilde{G}(q)\|^{2(m+2)}}.
$$

因为 $g_s^{(l)}(q) \to 0$, 所以 $|\mathfrak{K}_l(q)| \to \infty$. 这与假设条件 $\{|\mathfrak{K}_l|\}$ 一致有界相矛盾. 因此, $h_0, h_1, \cdots, h_n$ 没有公共零点. 这样就完成了命题 4.1 的证明. $\quad\square$

定理 4.6 的证明 如果 $\mathrm{d}s^2$ 是完备的, 那么利用定理 4.3 可知 G 是常值且 $\mathfrak{K}(\mathrm{d}s^2) \equiv 0$. 因此, 式 (4.2.10) 是一个平凡的结果. 于是, 接下来考虑 $\mathrm{d}s^2$ 在 M 上不完备的情形.

假设定理 4.6 不成立, 即存在一列全纯映射 $G^{(l)} : M_l \to \mathbb{P}^N(\mathbb{C})$, 一列开的 Riemann 曲面 M_l, 一点列 $p_l \in M_l$ 使得 $|\mathfrak{K}_l(p_l)|d_l^2(p_l) \to \infty$, 同时 $G^{(l)}$ 不取超过 $\frac{N+1}{2}(mN + 2)$ 个处于一般位置的超平面. 我们断言: 可以找到满足 $\mathfrak{K}_l(p_l) = -\frac{1}{4}$ 的曲面 M_l, 同时在 M_l 上, 对于所有的 l, $-1 \leqslant \mathfrak{K}_l \leqslant 0$. 如若不然, 我们可以用以下方法来替代 M_l 和 p_l. 不失一般性, 可假设 M_l 是一个中心在 p_l 处的测地圆盘. 令

$$M_l^* = \left\{ p \in M_l : d_l(p, p_l) \leqslant \frac{d_l(p_l)}{2} \right\},$$

那么 $\{|\mathfrak{K}_l|\}$ 在 M_l^* 上是有界的, 当 $p \to \partial M_l^*$ 时, $d_l^*(p)$ 趋于零, 这里 $d_l^*(p)$ 表示点 p 到 M_l^* 边界的距离. 因此, 存在 M_l^* 的内点 p_l^* 使得

$$|\mathfrak{K}_l(p_l^*)|(d_l^*(p_l^*))^2 = \max_{p \in M_l^*} |\mathfrak{K}_l(p)|(d_l^*(p))^2.$$

进一步,

$$|\mathfrak{K}_l(p_l^*)|(d_l^*(p_l^*))^2 \geqslant |\mathfrak{K}_l(p_l)|(d_l^*(p_l))^2 = \frac{1}{4}|\mathfrak{K}_l(p_l)|(d_l(p_l))^2 \to \infty.$$

所以可用 M_l^* 代替 M_l, $|\mathfrak{K}_l(p_l^*)|(d_l^*(p_l^*))^2 \to \infty$. 通过放大或者缩小 M_l^* 可使 $\mathfrak{K}_l(p_l^*) = -\frac{1}{4}$. 此外, 在放大或者缩小的过程中, $|\mathfrak{K}(p)|(d(p))^2$ 是不变的. 因此, $d_l^*(p_l^*) \to \infty$. 在不引起混淆的前提下, 我们用符号 d_l^* 表示度量调整后的测地距离. 再次假定 M_l^* 是中心在 p_l^* 的测地圆盘. 令

$$M_l^{**} = \left\{ p \in M_l^* : d_l(p, p_l^*) \leqslant \frac{d_l^*(p_l^*)}{2} \right\},$$

那么对于 $p \in M_l^{**}$, $d_l^*(p) \geqslant \frac{d_l^*(p_l^*)}{2}$ 且

$$|\mathfrak{K}_l(p)|(d_l^*(p))^2 \geqslant \frac{1}{4}|\mathfrak{K}_l(p)|(d_l^*(p_l^*))^2. \tag{4.2.14}$$

另外, 对于所有的 $p \in M_l^{**}$, 有

$$|\mathfrak{K}_l(p)|(d_l^*(p))^2 \leqslant |\mathfrak{K}_l(p_l^*)|(d_l^*(p_l^*))^2 = \frac{1}{4}(d_l^*(p_l^*))^2 \leqslant (d_l^*(p))^2.$$

再结合式 (4.2.14), $|\mathfrak{K}_l(p)| \leqslant 1$ 对 $p \in M_l^{**}$ 成立. 分别用 M_l^{**} 和 p_l^* 来代替 M_l 和 p_l. 进一步, 如果用 $d_l^{**}(p)$ 表示从 p 到 M_l^{**} 的边界, 那么

$$d_l^{**}(p_l^*) = d_l(p_l^*, \partial M_l^{**}) = \frac{d_l^*(p_l^*)}{2} \to \infty. \tag{4.2.15}$$

正如之前分析的那样, 取曲面的万有覆盖并不会影响曲面本身的 Gauss 曲率. 不妨假设 M_l 是单连通的 (如有必要, 可选取其万有覆盖使之成立). 根据单值化定理, M_l 共形等价于 $\mathbb{C}$ 或者单位圆盘 Δ. 我们说 M_l 不可能共形等价于 $\mathbb{C}$. 事实上, 全纯映射 $G^{(l)} : \mathbb{C} \to \mathbb{P}^N(\mathbb{C})$ 不取 $\mathbb{P}^N(\mathbb{C})$ 中超过 $\frac{(N+1)(N+2)}{2}$ 个处于一般位置的超平面, 根据定理 4.1 知道 $G^{(l)}$ 一定为常值. 这样 $\mathfrak{K}_l \equiv 0$ 与事实 $\mathfrak{K}_l(p_l) = -\frac{1}{4}$ 相矛盾, 从而 M_l 共形等价于单位圆盘 Δ. 不失一般性, 假设 $M_l = \Delta$, p_l 就是原点.

因为全纯映射 $G^{(l)} : \Delta \to \mathbb{P}^N(\mathbb{C})$ 不取超过 $\frac{N+1}{2}(mN + 2)$ 个处于一般位置的超平面, 故利用引理 2.20 可知 $\{G^{(l)}\}$ 是正规的, 即存在 $\{G^{(l)}\}$ 中的一个子列 $\{G^{(l_i)}\}$ (仍然记为 $\{G^{(l)}\}$) 在单位圆盘 Δ 中内闭一致收敛于全纯映射 g. 我们先证明 g 是一个非常值的, 然后从另外一个角度证明 g 是常值的, 从而导出矛盾.

为此, 假设 g 是一个常值映射, 它将把单位圆盘 Δ 映射成单点集 Q. 取一个不包含 Q 点的超平面 H, 令 U, V 分别表示 H, Q 的两个邻域. 选择适当的常数 C 使得

$$|\mathfrak{K}(p)|^{\frac{1}{2}} d(p) \leqslant C$$

对所有满足相关条件的曲面都成立, 这个相关条件是指曲面上的映射 $G : M \to \mathbb{P}^N(\mathbb{C})$ 不取 H 的邻域 U. 注意, 这个常数 C 不依赖于 M 和 G. 选取合适的 $r(< 1)$ 使得从 $z = 0$ 到 $|z| = r$ 的双曲距离为 R, 同时满足

$$R > 2C. \tag{4.2.16}$$

因为 $\{G^{(l)}\}$ 在 $\Delta_r := \{z : |z| \leqslant r\}$ 上一致收敛于 g, 所以对于充分大的 l, $G^{(l)}$ 在 Δ_r 上不取 H 的邻域 U. 用 $d_l(r)$ 表示原点 0 到 Δ_r 的边界的测地距离, 根据定理 4.5, 有

$$|\mathfrak{K}_l(0)|^{\frac{1}{2}} d_l(r) \leqslant C.$$

又因为 $\mathfrak{K}_l(0) = -\frac{1}{4}$, 故对于充分大的 l, 有

$$d_l(r) \leqslant 2C. \tag{4.2.17}$$

曲面 M_l 是一个测地半径为 $R_l(< +\infty)$ 的圆盘. 选取 r_l 使得 $\{w : |w| < r_l\}$ 的双曲半径为 R_l, 再令 $w = r_l z$. 这样圆周 $|z| = r$ 完全对应 $|w| = r_l r$. 由式 (4.2.15), $R_l \to \infty$, 从而当 $l \to \infty$ 时, $r_l \to 1$. 因此, $|w| = r_l r$ 的双曲半径趋于 $|w| = r$ 的双曲半径 $R(> 2C)$. 另外, 由引理 2.17 以及在 M_l 上, 有 $-1 \leqslant K_l \leqslant 0$, 可知原点到圆环 $|z| = r$ 上的点的距离不小于原点到圆环 $|w| = r_l r$ 上的点的双曲距离. 因此, $d_l(r) > 2C$, 这与式 (4.2.17) 矛盾, 从而 g 不是一个常值映射.

最后, 我们将从另一个角度来证明 g 是一个常值映射. 根据以上讨论, 利用命题 4.1 以及注记 4.1, 存在 $\{g_j^{(l)}\}$ 中的一个子列 (假设就是它本身) 在单位圆盘 Δ 上内闭一致收敛到 $h_j (0 \leqslant j \leqslant N)$, 且 $h_0, \cdots, h_N$ 没有公共零点. 这样就得到了一个全纯映射 $[h_0 : \cdots : h_N] : \Delta \to \mathbb{P}^N(\mathbb{C})$. 显然, $g = [h_0 : \cdots : h_N]$. 利用引理 2.18 以及式 (4.2.15), 共形度量 $\mathrm{d}s^2 := \sum_{j=0}^{N} |h_j|^{2m} |\mathrm{d}z|^2$ 在单位圆盘 Δ 上是完备的. 因为 $G^{(l)}$ 不取 $\mathbb{P}^n(\mathbb{C})$ 中处于一般位置的超平面 $\{H_j\}_{j=1}^q$, 所以根据 Hurwitz 定理 (引理 2.16), 要么 g 不取这些超平面 $\{H_j\}_{j=1}^q$, 要么 $g(\Delta) \subset \bigcap_{j=1}^{t} H_j$. 如果 g 不取这些超平面 $\{H_j\}_{j=1}^q$, 利用定理 4.3 可知, g 一定是常值映射. 如果 $g(\Delta) \subset \bigcap_{j=1}^{t} H_j = \mathbb{P}(V)$, 其中 V 是 $\mathbb{C}^{N+1}$ 中维数为 $N + 1 - t$ 的子空间, 那么 $g : \Delta \to \mathbb{P}(V)$ 不取 $\{H_i \cap (\bigcap_{j=1}^{t} H_j)\}_{i=t+1}^q$. 显然, $H_{t+1} \cap (\bigcap_{j=1}^{t} H_j), \cdots, H_q \cap (\bigcap_{j=1}^{t} H_j)$ 是处于一般位置的. 因为 $q - t > \frac{N+1}{2}(mN + 2) - t \geqslant \frac{N+1-t}{2}[m(N-t) + 2]$, 所以再次利用定理 4.3 知道, g 是一个常值. 这样就完成了定理 4.6 的全部证明. $\square$

第 5 章　总　　结

R. Osserman 和 S. S. Chern 最早开始研究 $\mathbb{R}^n$ 中极小曲面上的 Gauss 映射的值分布性质, 之后这方面的研究得到了包括 F. Xavier, H. Fujimoto 以及 M. Ru 在内的很多学者的关注, 同时涌现了很多有趣的成果.

假定 $X : M \to \mathbb{R}^n$ 是浸入在 $\mathbb{R}^n (n \geqslant 3)$ 中的可定向的、连通的极小曲面. 利用局部等温坐标 (u, v), 令 $z = u + iv$, M 可被看作一个 Riemann 曲面. 曲面上的推广型的 Gauss 映射 $G = \pi \cdot (\partial x / \partial z)$ 将 M 映射到 $\mathbb{P}^{n-1}(\mathbb{C})$, 这里 π 是从 $\mathbb{C}^n \backslash \{\mathbf{0}\}$ 到 $\mathbb{P}^{n-1}(\mathbb{C})$ 的典则投影映射. 像集 $G(M)$ 落在二次曲面 $Q_{n-2}(\mathbb{C}) \subset \mathbb{P}^{n-1}(\mathbb{C})$. 注意, 当 $n = 3$ 时, $Q_1(\mathbb{C})$ 等同于 Riemann 球面, 并且 G 可以看成是 M 上的亚纯函数.

1915 年, S. Bernstein 在文献 [10] 中证明了如果极小曲面 M 具有如下描述:

$$M := \{(x_1, x_2, f(x_1, x_2)); (x_1, x_2) \in \mathbb{R}^2\},$$

这里 $f(x_1, x_2)$ 是定义在整个 (x_1, x_2)-平面上的 C^2 函数, 那么该曲面一定是平面. 注意, Bernstein 定理中要求的极小曲面是通过函数 $z = f(x, y)$ 来定义的, 这就使得其曲面上的法向量映射取不到的点集至少是半个球面. 关于 Bernstein 定理的延伸思考得到了很多国内外学者的关注. 例如, L. Nirenberg 曾经猜想, 如果 $\mathbb{R}^3$ 中的单连通极小曲面满足其法向量映射不取球面上的某个小邻域, 那么该极小曲面一定是平面. 这个猜想先后在 1959 年、1961 年被 R. Osserman 利用两种不同的方法证实了. R. Osserman 给出猜想: E 是单位球面上的一个闭点集, 存在一个完备的极小曲面满足其曲面上的法向量映射恰好不取 E 中的点集, 当且仅当点集 E 的对数测度为 0 [6]. 1981 年, F. Xavier 将上述猜想中例外集 E 的测度为 0 提升到至多包含 6 个点 [9]. 后来, H. Fujimoto 将其至多 6 个例外值进一步减少到 4 个例外值, 这是一个精确的结果 [5]. 事实上, 在 $\mathbb{R}^3$ 中存在很多的完备极小曲面,这些极小曲面满足其曲面上的 Gauss 映射不取球面上 4 个点[6].

本书介绍了一些新型亏量概念[17]. 对于 $\mathbb{R}^3$ 中的极小曲面 M, G 为其曲面上的 Gauss 映射. 在球极投影映射 $\pi : \Sigma \to \overline{\mathbb{C}}$ 下, 函数 $g := \pi \cdot G : M \to \overline{\mathbb{C}}$ 可理解为 M 上的亚纯函数. 函数 g 和复平面上的亚纯函数有着 "亏量关系""分担唯一性定理" 等类似的值分布性质. 例如, 设 M 和 $\tilde{M}$ 是 $\mathbb{R}^3$ 中两个非平坦的极小曲面, 存在一个共形同胚映射 $\Phi : M \to \tilde{M}$, G 和 $\tilde{G}$ 分别是曲面 M 和 $\tilde{M}$ 上的 Gauss 映射. 考虑函数 $g := \pi \circ G$ 以及 $\tilde{g} := \pi \circ \tilde{G}$, 如果存在 $q(\geqslant 7)$ 个不同的点 $\alpha_1, \alpha_2, \cdots, \alpha_q$ 使得 $g^{-1}(\alpha_j) = \tilde{g}^{-1}(\alpha_j)$, 同时曲面 M 和 $\tilde{M}$ 中至少有一个是完备的, 那么 $g = \tilde{g}$. 此结果是精确的, 事实上, 可构造两个相互等距的、拥有不同 Gauss 映射的完备极小曲面, 存在 6 个不同的点使得两个曲面的 Gauss 映射在这些点处有相同的原像集.

1952 年, E. Heinz 考虑了一类 $\mathbb{R}^3$ 中的极小曲面 M, 它由圆盘 Δ_R 上的 C^2 函数 $z = z(x, y)$ 所定义. E. Heinz 证明了存在一个不依赖曲面 M 的正常数 C, 使得曲面的曲率 $\mathfrak{K}$ 满足 $|\mathfrak{K}| \leqslant C/R^2$. 当 $R = \infty$ 时, 可以推出曲面的曲率恒为 $0^{[27]}$. 经典 Bernstein 定理曾指出, 定义在整个复平面上的极小图只能是平面, 上述结果则可以看成是经典 Bernstein 定理的推广. 后来, R. Osserman 给出了一些提升性的结果. 他证明了上述结果可以不要求曲面是由函数 $z = z(x, y)$ 所定义的, 并指出如果 $\mathbb{R}^3$ 中极小曲面 M 上的法向量不取某个方向角域, 那么会有相应的曲率估计[28,29]. H. Fujimoto 将不取某个方向角域提升到不取 5 个方向, 并同样得到了曲面对应的曲率估计式[5]. 这就蕴含着若曲面 M 是完备的, 则 $\mathbb{R}^3$ 中完备、非平坦极小曲面上的 Gauss 映射至多不取球面上 4 个不同的点. 对于 Gauss 映射涉及零点重数的情形, H. Fujimoto 也得到了相应的结果[25].

S. S. Chern 和 R. Osserman 证明了 $\mathbb{R}^n$ 中完备、非平坦极小曲面上 (推广型)Gauss 映射的像集在 $\mathbb{P}^{n-1}(\mathbb{C})$ 中是稠密的. 这意味着取不到的超平面集合至多是个零测集[2]. 1983 年, H. Fujimoto 证明了: 如果 $\mathbb{R}^n$ 中完备极小曲面上的 Gauss 映射不取 $\mathbb{P}^{n-1}(\mathbb{C})$ 中超过 n^2 个处于一般位置的超平面, 那么该 Gauss 映射必定退化[30]. 关于取不到超平面个数的最佳估计 $q(n)$ $(\leqslant n^2)$, 是一个很受关注的问题. M. Ru 利用衍生曲线的定义, 得到了 $\mathbb{R}^n$ 中浸入极小曲面上 k 非退化的 Gauss 映射的 Picard 定理 [8]. 设 M 是 $\mathbb{R}^n$ 中的一个完备的、非平坦的极小曲面, 如果 M 上的 Gauss 映射 G 是 k 非退化的, 那么 G 至多不取 $\mathbb{P}^{n-1}(\mathbb{C})$ 中 $(k+1)(n-k/2-1)+n$ 个处于一般位置的超平面. 可进一步验证, $\mathbb{R}^n$ 中完备的、非平坦的极小曲面上的 Gauss 映射 G 至多不取 $n(n+1)/2$ 个处于一般位置的超平面. 对于涉及零点重数的情形, M. Ru 也获得了相对应的结果 [37].

对于任意给定的 $p \in M$, 若用 $d(p)$ 表示 p 点到曲面边界的测地距离, 则曲面 M 的完备性要求 $d(p) \equiv \infty$. 若曲面为平面, 则该点的曲率为零. 对于浸入在 $\mathbb{R}^n$ 中的极小曲面, R. Osserman 与 M. Ru 给出了曲面上各点处的曲率估计和测地距离之间的关系 [7]: 设 $X : M \to \mathbb{R}^n$ 是浸入在 $\mathbb{R}^n$ 中的极小曲面, 假设曲面上的推广型 Gauss 映射 G 不取 $\mathbb{P}^{n-1}(\mathbb{C})$ 中超过 $n(n+1)/2$ 个处于一般位置的超平面, 那么存在与这些超平面相关的常数 C(不依赖曲面本身), 使得

$$\mathfrak{K}(p)^{1/2}d(p) \leqslant C,$$

这里 $\mathfrak{K}(p)$ 表示曲面上点 p 处的 Gauss 曲率. R. Osserman 曾证实: 对于 $\mathbb{R}^n$ 中任意的极小曲面, 若曲面上的 Gauss 映射不取 $\mathbb{P}^{n-1}(\mathbb{C})$ 中某些超平面的邻域, 则该极小曲面上各点处的曲率必满足上述不等式 [3].

极小曲面作为一类非常特殊的调和曲面, 其曲面上 Gauss 映射的某些值分布性质可以被推广到更大类的曲面情形, 一些相关的值分布结果已建立 (见文献 [51]~ [61]). 例如, T. K. Milnor 在文献 [61] 中考虑了推广型 Gauss 映射 (见定义 3.1) 的性质, 并发现推广型 Gauss 映射和传统意义下的 Gauss 映射在值分布性质方面存在很多类似的地方. 设 $X : M \to \mathbb{R}^n$ 是带诱导度量的调和浸入曲面, M 是 Riemann 曲面. 如果 Φ 是 M 上的推广型 Gauss 映射, 则要么 $X(M)$ 是一个二维平面, 要么 $\Phi(M)$ 无限趋于 $\mathbb{P}^{n-1}(\mathbb{C})$ 中的每个超平面. X. D. Chen, Z. X. Liu 和 M. Ru 在文献 [62] 中研究了映射 Φ 的值分布性质, 之后, 他们通过刻画传统意义下 Gauss 映射法向量 $\boldsymbol{n}$ 与映射 Φ 的关系, 继而利用映射 Φ 的值分布性质研究了调和浸入曲面上 $\boldsymbol{n}$ 的值分布性质 (见定理 3.5). 设 M 是一个开的 Riemann 曲面, $X : M \to \mathbb{R}^n$ 是一个调和浸入映射, $\Phi : M \to \mathbb{P}^{n-1}(\mathbb{C})$ 是推广型的 Gauss 映射. 假设 X 关于诱导度量是弱完备的. 如果 Φ 不取超过 $\frac{n(n+1)}{2}$ 个

处于一般位置的超平面, 那么 $X(M)$ 落在一个二维平面中.

经典的 Bernstein 定理说的是定义在整个平面上的极小图是平面. W. H. Meeks III 与 H. Rosenberg 在文献 [66] 中证明了 $\mathbb{R}^3$ 中的完备嵌入极小曲面要么是平面, 要么是螺旋面. 正如大家所知道的, 经典的 Bernstein 定理对 K-拟共形调和图仍然是成立的, 但对调和图是不成立的. 本书通过对比曲面上的 Gauss 映射 n 与推广型 Gauss 映射 Φ, 给出了 $\mathbb{R}^3$ 中 K-拟共形调和曲面上的 Gauss 映射 n(曲面上的单位法向量) 的值分布性质. 设 b 表示一个给定的实单位向量, X. D. Chen, Z. X. Liu 和 M. Ru 利用混合积的方法给出了 n 与 b 的向量积, 以及推广型 Gauss 映射 Φ 与以 b 为法向量的超平面的投影距离之间的关系式 [62]. 通过关系式可以看出, $\mathbb{R}^3$ 中浸入调和曲面上的推广型 Gauss 映射 Φ 不取由某个实向量 b 定义的超平面的一个小邻域, 可以推出, 该曲面上的法向量 n 不取该实向量 b 的某个小邻域, 反之不一定成立. 对于 K-拟共形调和浸入曲面的情形, 本书给出了在 n 不取某些实方向的条件下曲面的 Gauss 曲率估计. 此外, 因为曲面上法向量 n 和推广型 Gauss 映射 Φ 之间有着紧密的关系 (见引理 3.5), 所以就很自然地建立了 $\mathbb{R}^3$ 中 K-拟共形调和曲面的 Gauss 曲率估计.

1983 年, I. E. Nochka 在文献 [39] 中通过引入 "Nochka 权重" 解决了之前长期存在的 Cartan 猜想, 他证明了 k 非退化全纯映射至多不取 $\mathbb{P}^N(\mathbb{C})$ 中的 $2N - k + 1$ 个处于一般位置的超平面. 书中也进一步介绍了更一般的情形, 即给出了一些关于开 Riemann 曲面上全纯映射的值分布性质, 其思想来源是极小曲面上 Gauss 映射的值分布理论. 不难发现, 很多研究结果都与复平面上亚纯函数的值分布性质有一定的对应性. 例如, 在 1986 年, H. Fujimoto 在文献 [5] 中证明了 "五值定理", 该定理类似于复平面上的小 Picard 定理, 定理内容是: $\mathbb{R}^3$ 中完备、非平坦极小曲面上的 Gauss 映射不取单位球面上至多 4 个点. H. Fujimoto 的 "五值定理" 后来也被考虑到 $\mathbb{R}^n$ 中极小曲面的情形 (参考文献 [8], [42]). 后来, X. D. Chen, Y. Z. Li, Z. X. Liu 和 M. Ru 考虑了更一般的带有共形度量的开 Riemann 曲面上全纯映射的值分布性质. 同时, 受到极小曲面上 Gauss 曲率估计 (可参考文献 [7]) 的启发, 他们还给出了开 Riemann 曲面在诱导共形度量下的曲率估计 [70].

参 考 文 献

[1] Chern S S. Minimal surfaces in an euclidean space of N dimensions [M]. Princeton: Princeton Univ. Press, 1965.

[2] Chern S S, Osserman R. Complete minimal surfaces in euclidean n-space [J]. J Anal Math, 1967, **19**: 15-34.

[3] Osserman R. Global properties of minimal surfaces in E^3 and E^n [J]. Ann of Math, 1964, **80**: 340-364.

[4] 泽维尔, 巴西, 潮小李. 现代极小曲面讲义 [M]. 北京: 高等教育出版社, 2011.

[5] Fujimoto H. On the number of exceptional values of the Gauss maps of minimal surfaces [J]. J Math Soc Japan, 1988, **40**(2): 235-247.

[6] Osserman R. Minimal surfaces in the large [J]. Comment Math Helv, 1961, **35**: 65-76.

[7] Osserman R, Ru M. An estimate for the Gauss curvature of minimal surfaces in $\mathbb{R}^m$ whose Gauss map omits a set of hyperplanes [J]. J Differential Geom, 1997, **45**: 578-593.

[8] Ru M. On the Gauss map of minimal surfaces immersed in R^n [J]. J Differential Geom, 1991, **34**(2): 411-423.

[9] Xavier F. The Gauss map of a complete non-flat minimal surface cannot omit 7 points of the sphere [J]. Ann of Math, 1981, **113**(2): 211-214.

[10] Bernstein S. Sur un théorème de géométrie et ses applications auxéquations aux dérivées partielles du type elliptique [J]. Comm de la Soc Math de Kharkov(2éme sér), 1917, **15**: 38-45.

[11] Osserman R. Proof of a conjecture of nirenberg [J]. Comm Pure Appl Math, 1959, **12**: 229-232.

[12] Hopf E. On an inequality for minimal surfaces $z = f(x, y)$ [J]. J Rat Mech Anal, 1953, **2**: 519-522.

[13] Nitsciie J. Über eine mit der minimalflächengleichung zusammenhängende analytische funktion und denbernsteinschen satz [J]. Archiv der Mathematik, 1957, **7**: 417-419.

[14] Yau S T. Some function-theoretic properties of complete Riemannian manifolds and their applications to geometry [J]. Indiana U Math J, 1976, **25**: 659-670.

[15] Hayman W K. Meromorphic functions [M]. Oxford: Clarendon, 1964.

[16] Osserman R. A survey of minimal surfaces [M]. 2nd edition. New York: Dover Publ. Inc., 1986.

[17] Fujimoto H. Modified defect relations for the Gauss map of minimal surfaces [J]. J Differential Geom, 1989, **29**: 245-262.

[18] Fujimoto H. Value distribution of the Gauss map of complete minimal surfaces in $\mathbb{R}^m$ [J]. J Math Soc Japan, 1983, **35**: 663-681.

[19] Fujimoto H. Non-integrated defect relation for meromorphic maps of complete Kählar manifolds into $\mathbb{P}^{N_1}(\mathbb{C}) \times \cdots \times \mathbb{P}^{N_k}(\mathbb{C})$ [J]. Japan J Math, 1985, **11**: 233-264.

[20] Cowen M J, Griffiths P A. Holomorphic curves and metrics of negative curvature [J]. J Analyse Math, 1976, **29**: 93-153.

[21] Ahlfors L V. Conformal invariants, topics in geometric function theory [M]. New York: McGraw Hill, 1973.

[22] Nevanlinna R. Einige eindeutigkeitssätze in der theorie der meromorphen funktionen [J]. Acta Math, 1926, **48**(3): 367-391.

[23] Fujimoto H. Value distribution theory of the Gauss map of minimal surface in R^m [M]. Braunschweig: Friedr. Vieweg and Sohn, 1993.

[24] Ahlfors L V. An extension of Schwarz's lemma [J]. Trans Amer Math Soc, 1938, **43**: 359-364.

[25] Fujimoto H. On the Gauss curvature of minimal surfaces [J]. J Math Soc Japan, 1992, **44**(3): 427-439.

[26] Forster O. Lectures on Riemann surfaces [M]. Berlin: Springer-Verlag, 1981.

[27] Heinz E. Über die Lösungen der Minimalflächengleichung [J]. Nachr Akad Wiss Göttingen, 1952, 51-56.

[28] Osserman R. An analogue of the Heinz-Hopf inequality [J]. J Math Mech, 1959, **8**: 383-385.

[29] Osserman R. On the Gauss curvature of minimal surfaces [J]. Trans Amer Math Soc, 1960, **96**: 115-128.

[30] Fujimoto H. On the Gauss map of a complete minimal surface in $\mathbb{R}^m$ [J]. J Math Soc Japan, 1983, **35**: 279-288.

[31] Cartan H. Sur les zeros des combinasons lineaires depfonctions holomorphes donnees [J]. Mathematica, 1933, **7**: 5-31.

[32] Fujimoto H. On families of meromorphic maps into the complex projective space [J]. Nagoya Math J, 1974, **54**: 21-51.

[33] Suzuki J, Toda N. Some notes on the theory of holomorphic curves [J]. Nagoya Math J, 1981, **81**: 79-89.

[34] Fujimoto H. The defect relations for the derived curves of a holomorphic curve in $\mathbb{P}^n(\mathbb{C})$ [J]. Tohoku Math J, 1982, **34**: 141-160.

[35] Borel E. Sur les zéros des fonctions entières [J]. Acta Math, 1897, **20**, 357-396.

[36] Shabat B V, Lefman L I. Distribution of values of holomorphic mappings [M]. Amer Math Soc., 1985.

[37] Ru M. Gauss map of minimal surfaces with ramification [J]. Trans Amer Math Soc, 1993, **339**(2): 751-764.

[38] Chen W. Cartan conjecture: defect relation for merommorphic maps from parabolic manifold to projective space [D]. South Bend: University of Notre Dame, 1987.

[39] Nochka E I. On the theory of meromorphic functions [J]. Sov Math Dokl, 1983, **27**: 377-381.

[40] Wong P M. Defect relations for maps on parabolic spaces and Kobayashi metric on projective spaces ommiting hyperplanes [D]. South Bend: University of Notre Dame, 1976.

[41] Nochka E I. Uniqueness theorems for rational functions on algebraic varieties [J]. Bul. Akad. Shtiintsa RSS Moldoven, 1979, **3**: 27-31.

[42] Fujimoto H. Modified defect relations for the Gauss map of minimal surfaces. II [J]. J Differential Geom, 1990, **31**: 365-385.

[43] Hoffman D, Osserman R. The geometry of the generalized Gauss map [M]. Amer Math Soc., 1980.

[44] Ru M, Stoll W. The Cartan conjecture for moving targets [J]. Proc Sympos PureMath, 1991, **52**(2): 477-508.

[45] Ros A. The Gauss map of minimal surfaces [J]. Differential Geometry, 2002: 235-252.

[46] Greene R E, Wu H. Function theory on manifolds which possess a pole [M]. Berlin: Springer, 1979.

[47] Green M. The hyperbolicity of the complement of $2n+1$ hyperplanes in general position in $\mathbb{P}^n$ and related results [J]. Proc Amer Math Soc, 1977, **66**: 109-113.

[48] Lang S. Introduction to complex hyperbolic space [M]. Berlin: Springer, 1987.

[49] Klotz T. Surfaces harmonically immersed in E^3 [J]. Pacific J Math, 1967, **21**: 79-87.

[50] Klotz T. A complete R_Λ-harmonically immersed surface in E^3 on which $H \neq 0$ [J]. Proc Amer Math Soc, 1968, **19**: 1296-1298.

[51] 刘志学. 亚纯映射的值分布理论及相关研究 [D]. 北京：中国人民大学, 2020.

[52] Alarcon A, López F J. On harmonic quasiconformal immersions of surfaces in $\mathbb{R}^3$ [J]. Trans Amer Math Soc, 2013, **365**(4): 1711-1742.

[53] Connor P, Li K, Weber M. Complete embedded harmonic surfaces in $\mathbb{R}^3$ [J]. Exp Math, 2015, **24**(2): 196-224.

[54] Connor P, Li K, Weber M. The Gauss-Bonnet formula for harmonic surfaces [J]. Comm Anal Geom, 2018, **26**(3): 531-570.

[55] Dioos B, Sakaki M. A representation formula for non-conformal harmonic surfaces in R^3 [J]. Results Math, 2019, **74**(1): 35.

[56] Jensen G R, Rigoli M. Harmonically immersed surfaces of $\mathbb{R}^n$ [J]. Trans Amer Math Soc, 1988, **307**(1): 363-372.

[57] Jensen G R, Rigoli M. Correction to: "Harmonically immersed surfaces in $\mathbb{R}^n$"[J]. Trans Amer Math Soc, 1989, **311**(1): 425-428.

[58] Kalaj D. The Gauss map of a harmonic surface [J]. Indag Math, 2013, **24**(2): 415-427.

[59] Milnor T K. Harmonically immersed surfaces [J]. J Differential Geom, 1979, **14**: 205-214.

[60] Milnor T K. Mapping surfaces harmonically into E^n [J]. Proc Amer Math Soc, 1980, **78**: 269-275.

[61] Milnor T K. Are harmonically immersed surfaces at all like minimally immersed surafces?[C]. Seminar on Minimal Submanifolds. Volume 103. Princeton University Press, 2016, **103**: 99.

[62] Chen X D, Liu Z X, Ru M. Value distribution properties for the Gauss maps of the immersed harmonic surfaces [J]. Pacific J Math, 2021, **309**(2): 267-287.

[63] Milnor T K. Restrictions on the curvatures of ϕ-bounded surfaces [J]. J Differential Geom, 1976, **11**: 31-46.

[64] Liu Z X, Li Y Z, Chen X D. The value distribution of Gauss maps of immersed harmonic surfaces with ramification [J]. Acta Math Sci, 2022, **42**(1): 172-186.

[65] Sakai F. Degeneracy of holomorphic maps with ramification [J]. Invent Math, 1974, **26**: 213-229.

[66] Meeks III W H, Rosenberg H. The uniqueness of the helicoid [J]. Ann of Math, 2005, 161(2): 727-758.

[67] Ha P H. An estimate for the Gaussian curvature of minimal surfaces in $\mathbb{R}^m$ whose Gauss map is ramified over a set of hyperplanes [J]. Differential Geom Appl, 2014, **32**: 130-138.

[68] Campana F, Winkelmann J. A Brody theorem for orbifolds [J]. Manuscripta Math, 2009, **128**(2): 195-212.

[69] Kawakami Y. On the maximal number of exceptional values of Gauss maps for various classes of surfaces [J]. Math Z, 2013, **274**(3-4): 1249-1260.

[70] Chen X D, Li Y Z, Liu Z X, Ru M. Curvature estimate on an open Riemann surface with the induced metric [J]. Math Z, 2021, **298**: 451-467.

[71] Liu Z X, Li Y Z. Picard-type theorem and curvature estimate on an open Riemann surface with ramification [J]. Chin Ann Math Ser B, 2023, **44**(4): 533-548.